微信小程序开发技能基础

主　编　邹贵财　张治平
副主编　曹　斌　李毓仪　刘　群
参　编　朱辉强　沈永珞　周键飞

北京理工大学出版社
BEIJING INSTITUTE OF TECHNOLOGY PRESS

内 容 简 介

微信小程序，小程序的一种，英文名 Wechat Mini Program，是一种不需要下载安装即可使用的应用，它实现了应用"触手可及"的梦想，用户扫一扫或搜一下即可打开应用。

微信小程序提供了一个简单、高效的应用开发框架和丰富的组件及 API，帮助开发者在微信中开发具有原生 App 体验的服务。

全面开放申请后，主体类型为企业、政府、媒体、其他组织或个人的开发者，均可申请注册小程序。微信小程序开发技能成了软件开发人才所需的热门技能。

本书从 hello world 案例开始，先讲解微信小程序开发的基本框架，再循序渐进地讲述包括页面布局、JS 入门基础、JS 应用提升、组件应用、微信小程序 API 应用、数据库应用等方面近 60 个应用案例。在讲述案例实现过程中，把技能知识的应用渗透于案例实现过程中，以实现功能效果为目标，讲解微信小程序开发的基础技能。

本书可作为中等职业学校的教材，案例以学习任务的形式呈现于课堂，注重学生的兴趣的培养和兴趣保护，适合开展课堂实践学习。

版权专有　侵权必究

图书在版编目(CIP)数据

微信小程序开发技能基础 / 邹贵财，张治平主编. -- 北京：北京理工大学出版社，2021.10
ISBN 978-7-5763-0525-8

Ⅰ.①微… Ⅱ.①邹… ②张… Ⅲ.①移动终端-应用程序-程序设计 Ⅳ.①TN929.53

中国版本图书馆 CIP 数据核字(2021)第 212328 号

出版发行 /	北京理工大学出版社有限责任公司
社　　址 /	北京市海淀区中关村南大街 5 号
邮　　编 /	100081
电　　话 /	(010)68914775(总编室)
	(010)82562903(教材售后服务热线)
	(010)68944723(其他图书服务热线)
网　　址 /	http://www.bitpress.com.cn
经　　销 /	全国各地新华书店
印　　刷 /	定州市新华印刷有限公司
开　　本 /	889 毫米×1194 毫米　1/16
印　　张 /	12
字　　数 /	245 千字
版　　次 /	2021 年 10 月第 1 版　2021 年 10 月第 1 次印刷
定　　价 /	33.00 元

责任编辑 / 张荣君
文案编辑 / 张荣君
责任校对 / 周瑞红
责任印制 / 边心超

图书出现印装质量问题，请拨打售后服务热线，本社负责调换

PREFACE 前言

微信小程序，小程序的一种，英文名 Wechat Mini Program，是一种不需要下载安装即可使用的应用，它实现了应用"触手可及"的梦想，用户扫一扫或搜一下即可打开应用。

全面开放申请后，主体类型为企业、政府、媒体、其他组织或个人的开发者，均可申请注册小程序。微信小程序、微信订阅号、微信服务号、微信企业号是并行的体系。

微信小程序提供了一个简单、高效的应用开发框架和丰富的组件及 API，帮助开发者在微信中开发具有原生 App 体验的服务。

1. 本书特点

本书根据中等职业学校计算机专业移动开发的学习需要，整理了一系列的微信小程序应用案例，讲解微信小程序开发的基本技能。

本书在编写过程中，从 hello world 案例开始，先讲解微信小程序开发的基本框架，再循序渐进地讲述包括页面布局、JS 入门基础、JS 应用提升、组件应用、微信小程序 API 应用、数据库应用等方面的应用案例，每个案例以学习任务的形成呈现于课堂，适合开展课堂实践学习。在案例的实现过程中，以功能实现为前提，引导学生学会微信小程序开发的基础技能，并结合案例实现结果的呈现效果，注重学生的兴趣的培养和保护。帮助学生在基础技能反复应用中，积累小程序前端开发的设计经验，掌握扎实的开发基础技能。

2. 内容安排

本书在编写过程中，参考了微信小程序开发文档。由于微信小程序官方发布的参考文档会随技术的发展需要出现更新，建议学生在学习本书案例的实现过程中，学会参考网上发布的技术文档和案例，在实现任务的设计时，不仅仅完成任务效果的实现，还学会阅读专业开发文档，以保证自己微信小程序开发技能持续提升。

3. 课时安排

单元	单元主要内容	建议学时
单元1 hello world	包括创建新项目与介绍小程序目录结构、添加子页面——添加购物车页面、搭建购物车页面框架——基础布局组件 view、显示购物车商品文字——text 组件、添加购物车商品图片——image 组件、添加购物车商品选择按钮——checkbox 组件、添加购物车结算和商品数量操作按钮——button 组合、tabBar 导航——底部菜单设置、navigator 导航组件——跳转到子页面等案例实现讲解	10
单元2 页面布局	包括个人中心、商品信息、进度条、会员图标、优惠信息、商品展示、信息列表、商品角标、布局、首页等案例的实现	10

续表

单元	单元主要内容	建议学时
单元 3　JS 入门基础	包括显示变量、产生随机数、显示数组元素、布尔型变量应用、随机显示数组元素、数字的运算、if 条件语句、元素旋转、控制元素弧形运动、switch 语句应用等任务的设计过程	10
单元 4　JS 应用提升	包括显示实时时间、秒表、跑马灯广告、折叠显示、用户管理、顶部选项卡、图片浏览、人员增删、弹窗显示信息、购物车数量、点击查看大图等任务的设计过程	12
单元 5　组件应用	包括 scroll-view 组件实现滚动菜单项、scroll-view 组件实现轮播效果、scroll-view 组件实现图文轮播效果、movable-area 组件实现看图识字应用、slider 组件实现拖动验证应用、picker 组件实现省市区选择器、canvas 组件绘制矩形与圆形、canvas 组件动画绘制圆弧、switch 组件实现开关效果、checkbox 组件实现投票应用等任务	12
单元 6　微信小程序 API 应用	包括一键拨打电话、网络访问显示返回结果、小程序页面跳转、通过 API 选择播放视频、使用消息提示框等应用的实现	10
单元 7　数据库应用	包括服务器搭建与数据库创建、.php 文件返回 JSON 格式数据、小程序浏览数据表记录等应用的实现	10
合计		74

本书由邹贵财、张治平主编，本书编写分工：单元 1 由李毓仪编写，单元 2 由曹斌编写，单元 3 由刘群编写，单元 4、5、7 由邹贵财编写，单元 6 由张治平编写，参与本书编写、代码编写、程序调试等工作的还有朱辉强、沈永珞、周键飞。

由于作者水平有限，时间仓促，在编写过程中难免有错误之处，恳请广大读者批评指正。

本书的编写，参考了微信。

本书编者

2021 年 9 月

CONTENTS 目录

单元1 hello world /1
学习目标 /1
知识概述 /2
- 任务1 创建新项目与介绍小程序目录结构 /2
- 任务2 添加子页面——添加购物车页面 /6
- 任务3 搭建购物车页面框架——基础布局组件 view /10
- 任务4 显示购物车商品文字——text 组件 /15
- 任务5 添加购物车商品图片——image 组件 /20
- 任务6 添加购物车商品选择按钮——checkbox 组件 /24
- 任务7 添加购物车结算和商品数量操作按钮——button 组件 /28
- 任务8 tabBar 导航——底部菜单设置 /32
- 任务9 navigator 导航组件——跳转到子页面 /38

单元总结 /40
拓展练习 /41
- 拓展任务1 /41
- 拓展任务2 /41

单元2 页面布局 /42
学习目标 /42
知识概述 /43
- 任务1 个人中心案例 /43
- 任务2 商品信息案例 /46
- 任务3 进度条案例 /49
- 任务4 会员图标案例 /51
- 任务5 优惠信息案例 /53
- 任务6 商品展示案例 /55
- 任务7 信息列表案例 /57
- 任务8 商品角标案例 /59
- 任务9 布局案例 /63

任务 10	首页案例	/66
单元总结		/71
拓展练习		/71
拓展任务 1		/71
拓展任务 2		/71
拓展任务 3		/72

单元 3　JS 入门基础　　　　　　　　　　　　　　　　　　　　　　　　/73

学习目标　　　　　　　　　　　　　　　　　　　　　　　　　　　　　　/73

知识概述　　　　　　　　　　　　　　　　　　　　　　　　　　　　　　/74

　　任务 1　显示变量　　　　　　　　　　　　　　　　　　　　　　　　/74

　　任务 2　产生随机数　　　　　　　　　　　　　　　　　　　　　　　/77

　　任务 3　显示数组元素　　　　　　　　　　　　　　　　　　　　　　/79

　　任务 4　布尔型变量应用　　　　　　　　　　　　　　　　　　　　　/81

　　任务 5　随机显示数组元素　　　　　　　　　　　　　　　　　　　　/83

　　任务 6　数字的运算　　　　　　　　　　　　　　　　　　　　　　　/86

　　任务 7　if 条件语句　　　　　　　　　　　　　　　　　　　　　　　/89

　　任务 8　元素旋转　　　　　　　　　　　　　　　　　　　　　　　　/92

　　任务 9　控制元素弧形运动　　　　　　　　　　　　　　　　　　　　/94

　　任务 10　switch 语句应用　　　　　　　　　　　　　　　　　　　　/96

单元总结　　　　　　　　　　　　　　　　　　　　　　　　　　　　　　/99

拓展练习　　　　　　　　　　　　　　　　　　　　　　　　　　　　　/100

　　拓展任务 1　　　　　　　　　　　　　　　　　　　　　　　　　　/100

　　拓展任务 2　　　　　　　　　　　　　　　　　　　　　　　　　　/100

单元 4　JS 应用提升　　　　　　　　　　　　　　　　　　　　　　　/101

学习目标　　　　　　　　　　　　　　　　　　　　　　　　　　　　　/101

知识概述　　　　　　　　　　　　　　　　　　　　　　　　　　　　　/102

　　任务 1　显示实时时间　　　　　　　　　　　　　　　　　　　　　/102

　　任务 2　秒表　　　　　　　　　　　　　　　　　　　　　　　　　/105

　　任务 3　跑马灯广告　　　　　　　　　　　　　　　　　　　　　　/108

　　任务 4　折叠显示　　　　　　　　　　　　　　　　　　　　　　　/110

　　任务 5　用户管理　　　　　　　　　　　　　　　　　　　　　　　/112

　　任务 6　顶部选项卡　　　　　　　　　　　　　　　　　　　　　　/114

　　任务 7　图片浏览　　　　　　　　　　　　　　　　　　　　　　　/117

  任务 8 人员增删 /119

  任务 9 弹窗显示信息 /121

  任务 10 购物车数量 /125

  任务 11 点击查看大图 /127

单元总结 /129

拓展练习 /130

  拓展任务 1 /130

  拓展任务 2 /130

  拓展任务 3 /131

单元 5 组件应用 /132

学习目标 /132

知识概述 /133

  任务 1 scroll-view 组件实现滚动菜单项 /133

  任务 2 scroll-view 组件实现轮播效果 /135

  任务 3 scroll-view 组件实现图文轮播效果 /137

  任务 4 movable-area 组件实现看图识字应用 /139

  任务 5 slider 组件实现拖动验证应用 /141

  任务 6 picker 组件实现省市区选择器 /144

  任务 7 canvas 组件实现绘制矩形与圆形 /146

  任务 8 canvas 组件实现动画绘制圆弧 /148

  任务 9 switch 组件实现开关效果 /149

  任务 10 checkbox 组件实现投票应用 /152

单元总结 /154

拓展练习 /154

  拓展任务 1 /154

  拓展任务 2 /155

  拓展任务 3 /155

  拓展任务 4 /156

单元 6 微信小程序 API 应用 /157

学习目标 /157

知识概述 /158

  任务 1 一键拨打电话 /158

  任务 2 网络访问显示返回结果 /161

任务3　小程序页面跳转　　/164
　　任务4　通过API选择播放视频　　/166
　　任务5　使用消息提示框　　/168
　单元总结　　/171
　拓展练习　　/172
　　拓展任务1　　/172
　　拓展任务2　　/172

单元7　数据库应用　　/174

　学习目标　　/174
　知识概述　　/175
　　任务1　服务器搭建与数据库创建　　/175
　　任务2　.php文件返回JSON格式数据　　/177
　　任务3　小程序浏览数据表记录　　/180
　单元总结　　/183
　拓展练习　　/183
　　拓展任务1　　/183
　　拓展任务2　　/184

PROJECT 1 单元 1

hello world

学习目标

使用微信小程序开发工具新建、保存及导入微信小程序项目，并在此基础上初步熟练掌握小程序基础组件，利用组件搭建购物车页面，掌握文本显示，图像显示，样式设置，页面标题、首页设置，底部导航菜单设置等操作。本单元任务实现的购物车页面如图1-1所示。

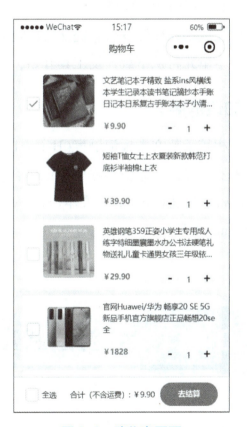

图1-1 购物车页面

【知识概述】

微信小程序是一种不用下载就能使用的应用。微信小程序可以在微信内被便捷地获取和传播，同时具有出色的使用体验。在微信生态下，触手可及、用完即走的微信小程序引起广泛关注。

一个微信小程序的开发要经历以下几个过程：

1. 注册

在微信公众平台注册小程序账号，完成注册后可以同步进行信息完善和开发。

2. 小程序信息完善

填写小程序基本信息，包括名称、头像、介绍及服务范围等。

3. 开发小程序

完成小程序开发者绑定、开发信息配置后，开发者可下载开发者工具，参考开发文档进行小程序的开发和调试。

4. 提交审核和发布

完成小程序开发后，提交代码至微信小程序注册的平台等待审核，审核通过后即可发布。
本单元将从下载开发工具开始，一步一步地熟悉开发的基本环境。

【知识链接】

相较于超文本标记语言（Hyper Text Markup Language，HTML）的标签，微信小程序通过组件来实现界面。微信小程序标记语言（WeiXin Markup Language，WXML）常用组件有视图容器（view）、按钮（button）、文本（text）等，此外，WXML 还提供了地图（map）、视频（video）、音频（audio）等组件。

任务1 创建新项目与介绍小程序目录结构

【任务描述】

创建第一个小程序 hello world。

（1）运行微信小程序开发工具。

（2）登录微信小程序开发工具。

（3）应用普通快速启动模板创建第一个小程序项目。

【知识链接】

微信小程序一般利用微信开发者工具进行代码的编写，用户可到微信官方网站 https://developers.weixin.qq.com/miniprogram/dev/devtools/download.html 下载合适自己计算机操作系统版本的微信开发者工具。下载完成之后运行微信开发者工具，用微信扫码登录，就可以进行微信小程序开发。

【操作步骤】

（1）执行"微信开发者工具"，如图1-2所示。

（2）用微信扫描微信开发者工具登录界面的二维码，如图1-3所示。

（3）扫描成功后，在手机中确认登录，如图1-4所示。

（4）选择"小程序"项目，进入"创建小程序"界面，如图1-5所示。

图1-2 执行"微信开发者工具"

图1-3 用微信扫描微信开发者工具登录界面的二维码

图1-4 在手机中确认登录

（5）输入项目名称和目录，由于还未注册小程序账号，因此此处单击"测试号"超链接，如图1-6所示。默认不使用云服务。注册之后AppID在后续开发中可随时进行更改。

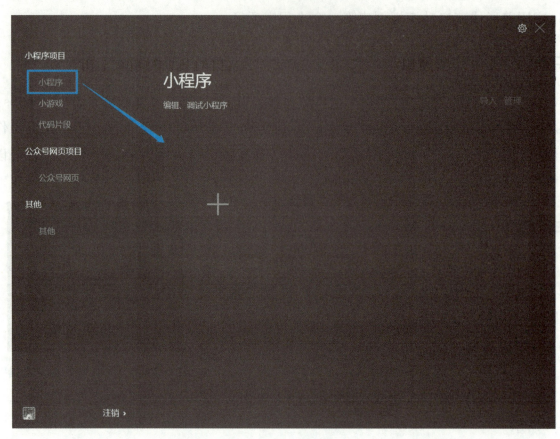

图 1-5 选择"小程序"项目

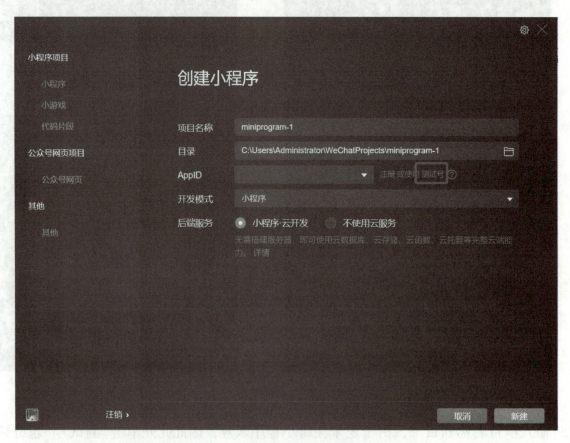

图 1-6 单击"测试号"超链接

经验分享

在创建小程序项目时，用户如果没有 AppID 也可以开展微信小程序开发，只是不可以发布小程序开发成品。

（6）项目信息输入完成后，单击"新建"按钮，如图 1-7 所示。

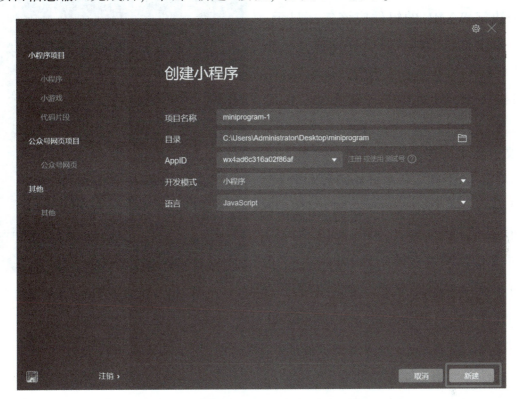

图 1-7 "微信开发者工具"界面新建小程序

（7）打开页面，自动创建一个 Hello World 项目，如图 1-8 所示。

图 1-8 Hello World 项目

— 5 —

在"微信开发者工具"界面窗口的"资源管理器"中,展示了一个小程序项目完整的目录结构。默认创建的项目目录结构如图1-9所示。

①pages 文件夹:包含一个个具体的页面。

- .wxml 文件:页面结构文件,也是视图文件,类似于.html 文件。

- .wxss 文件:样式表文件,类似于.css 文件,用来决定 WXML 的组件应该怎么显示。其中 app.wxss 文件里的样式是全局样式,会作用于当前小程序的所有页面;其他 .wxss 文件,如 index.wxss 文件,则是局部样式文件,仅对当前页面生效。

- .js 文件:页面逻辑文件,定义数据及函数。其中 app.js 文件定义一些全局函数和数据,其他页面引用 app.js 文件后就可以直接使用全局函数和数据。

- .json 文件:配置文件。其中 app.json 文件负责当前小程序的全局配置,包括小程序的页面路径、底部 tab 菜单等;而页面 .json 文件则负责某一页面的配置。

图1-9 默认创建的项目目录结构

②utils 文件夹:用来储存公共 js。

③project.config.json 文件:项目配置文件,包括项目 AppID、上传打包设置等。

④sitemap.json 文件:用于配置小程序及其页面是否允许被微信索引。

任务2 添加子页面——添加购物车页面

【任务描述】

完成子页面添加,配置实现子页面标题。

(1)导入小程序项目。

(2)通过编辑 app.json 内容,实现子页面添加。

(3)配置子页面的标题。

【知识链接】

在微信小程序项目开发中将多个页面应用于项目中，几乎是必不可少的应用技能。通过编辑 app.json 文件就可以实现子页添加及首页设置。

每件子页面文件夹下，存在 .json、.js、.wxml、.wxss 四个文件。

【操作步骤】

（1）启动微信开发者工具，打开或导入任务 1 所创建的项目 miniprogram-1，如图 1-10 所示。

操作视频

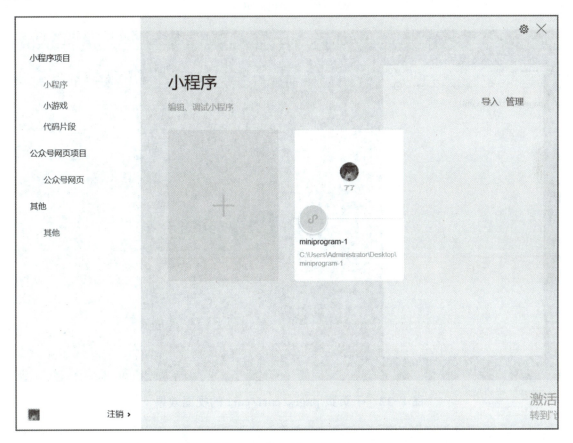

图 1-10　打开或导入任务 1 创建的项目 miniprogram-1

（2）双击"资源管理器"窗口中的 app.json，在代码编辑区域打开 app.json 文件，如图 1-11 所示。

（3）在 app.json 文件里的"pages"项内第一行添加""pages/cart/cart","，编译保存后，实现新增子页面 pages/cart/cart 的效果。子页面 pages/cart/cart 的视图效果呈现在左边的模拟器中，如图 1-12 所示。

— 7 —

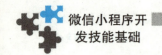

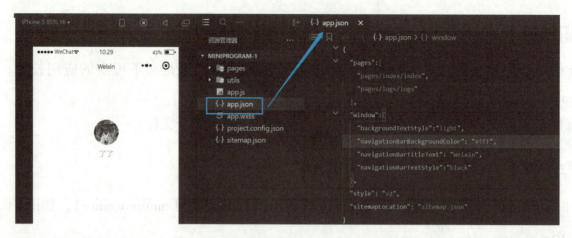

图1-11　app.json

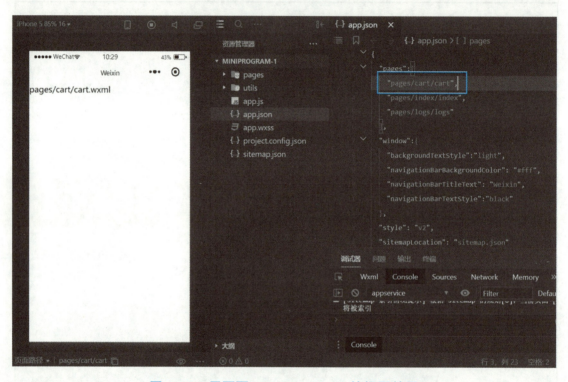

图1-12　子页页 pages/cart/cart 的视图效果

> **经验分享**
>
> 使用 app.json 文件来对微信小程序进行全局配置,可以设置页面文件的路径、窗口表现、网络超时时间、tab 选项卡等。
>
> 其中 pages 属性是一个数组,说明小程序由哪些页面组成。其中每一项都对应一个页面的路径(含文件名)信息,文件名不需要写扩展名,小程序会自动去寻找对应的 .json、.js、.wxml、.wxss 四个文件进行处理。
>
> 未指定 entryPagePath 属性时,数组的第一项代表小程序的初始页面(首页)。

(4)鼠标双击打开 pages/cart/cart.json 文件,在 cart.json 文件里的花括号内添加""navigationBarTitleText":"购物车""，保存后，实现设置子页面标题文本为"购物车"的效果，如图1-13所示。

注意：在添加一行时，必须在上一行的末尾添加逗号。

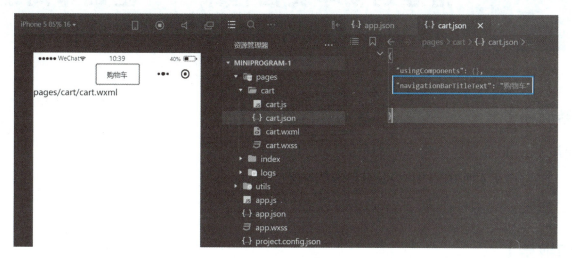

图1-13 设置子页面标题文本为"购物车"

> **经验分享**
>
> 小程序自带的标题设置除了标题文字属性navigationBarTitleText，还有标题背景属性navigationBarBackgroundColor、标题颜色属性navigationBarText Style。
>
> 在单个页面的.json文件中设置的标题仅对当前页面生效，若要使整个小程序项目中所有页面的背景颜色等统一的话，可在app.json文件中的windows对象中进行设置，如图1-14所示。
>
> ```
> "window": {
>   "backgroundTextStyle": "light",
>   "navigationBarBackgroundColor": "#fff",
>   "navigationBarTitleText": "Weixin",
>   "navigationBarTextStyle": "black"
> },
> ```
>
> 图1-14 app.json文件中的windows对象

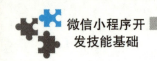

任务 3 搭建购物车页面框架——基础布局组件 view

【任务描述】

使用 view 组件搭建购物车页面框架。

(1) 在购物车页面中添加 view 组件导入项目。

(2) 修改 view 组件样式，搭建购物车页面框架。

【知识链接】

view 组件类似于网页设计中 html 文件中的 div，其作用和用法与 div 类似。读者可通过微信开放文档查看组件属性详细说明，如图 1-15 所示。view 用法示例：

```
<view hover-class>="viewHover"> </view>
```

view

> 基础库 1.0.0 开始支持，低版本需做兼容处理。

视图容器

属性	类型	默认值	必填	说明	最低版本
hover-class	string	none	否	指定按下去的样式类。当 `hover-class="none"` 时，没有点击态效果	1.0.0
hover-stop-propagation	boolean	false	否	指定是否阻止本节点的祖先节点出现点击态	1.5.0
hover-start-time	number	50	否	按住后多久出现点击态，单位毫秒	1.0.0
hover-stay-time	number	400	否	手指松开后点击态保留时间，单位毫秒	1.0.0

图 1-15　view 组件属性

【操作步骤】

操作视频

(1) 在“资源管理器”窗口双击 cart. wxml 文件，在代码编辑区域打开该文件，把代码编辑器中的代码清空,然后添加<view class="box"></view>,为购物车页面设置一个大容器。此时没有添加样式,因此保存编译后,模拟器显示空白,如图1-16所示。

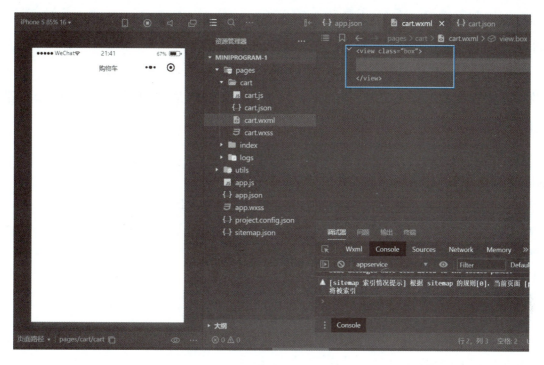

图1-16 添加view组件

(2)在cart.wxml文件中继续添加view组件,在类名为box的view组件内添加子元素。在代码编辑区域输入<view class="commodityList"></view>,创建商品列表容器,并向其内添加6个<view class="item"></view>组件,创建单个商品容器,如图1-17所示。

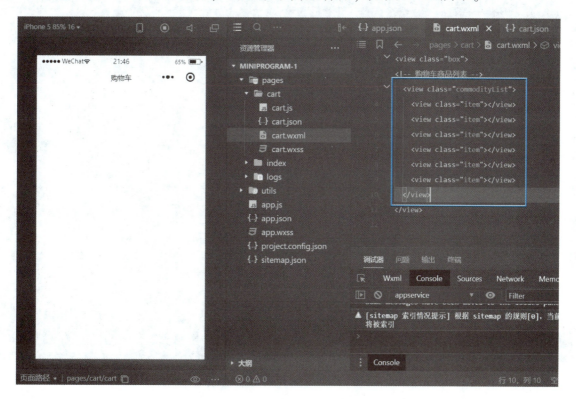

图1-17 添加子元素

> **经验分享**
>
> view 组件是微信小程序中常用的视图容器。
>
> view 在显示上是一个块级元素。

（3）在"资源管理器"窗口双击 cart.wxss，在代码编辑区域打开该文件，为 view 组件添加如下样式。

```
page{background:#f5f5f5;font-size:28rpx;}/* 设置灰色的背景颜色及字体大小*/
.commodityList{width:100%;}
/* 设置每个商品容器的宽度、高度、背景颜色、外边距、水平居中及圆角边框 */
.item{
    width:88%;
    height:200rpx;
    background:#ffffff;
    padding:20rpx;
    margin:20rpx auto;/* 水平居中*/
    border-radius:20rpx;/* 圆角边框*/
}
```

编译保存，效果如图 1-18 所示。

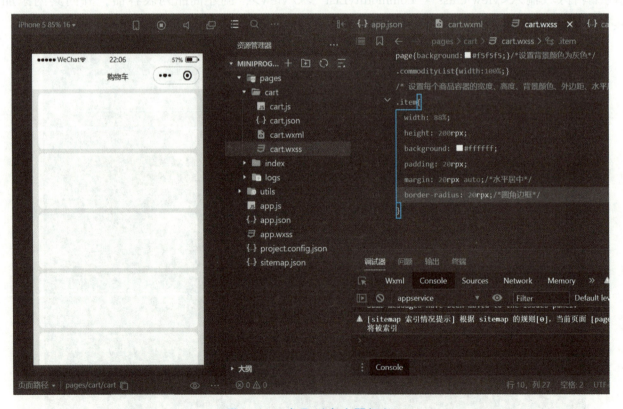

图 1-18　商品列表容器框架

> **经验分享**
>
> 微信小程序样式表(Weixin Style Sheets，WXSS)是一套样式语言，用来决定 WXML 的组件应该怎么显示。
>
> WXSS 具有串联样式表(Cascading Style Sheets，CSS)大部分特性。
>
> WXSS 对 CSS 进行了扩充以及修改，以适应微信小程序的开发。
>
> rpx 是微信小程序推出的一个尺寸单位，可以根据屏幕宽度进行自适应。在 iPhone6 上，1rpx＝0.5px＝1 物理像素。

(4)在组件.commodityList 后添加同级组件，输入<view class="footer"></view>，添加类名为 footer 的组件，创建购物车底部结算栏，如图 1-19 所示。

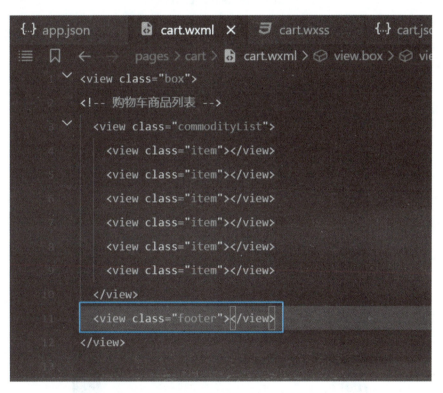

图 1-19　添加类名为 footer 的组件

(5)打开 cart.wxss 文件，为底部结算栏添加如下样式。

```
.footer{
    width:100%;
    height:120rpx;
    background:#fff;
    border-top:1rpx solid #ccc;   /* border-top 属性设置灰色上边框 */
    /* 使组件固定在底部 */
    position:fixed;
    left:0;
```

```
bottom:0;
display:flex;
align-items:center;
justify-content:space-between;
padding:0 40rpx;
font-size:28rpx;
box-sizing:border-box;   /* 加了该属性,padding 和 border 的值就不会再影响元素的宽度和
高度,防止溢出* /
}
```

（6）在左侧模拟器中下滑到底，发现最后一个商品容器被底部结算栏遮挡，因此给组件.commodityList 添加底部外边距样式。

```
.commodityList{width:100%;margin-bottom:160rpx;}
```

（7）键盘按下"Ctrl+S"组合键保存项目，或者单击工具栏上的"编译"按钮，左边模拟器会自动显示程序效果，本任务效果如图 1-20 所示。

图 1-20　购物车页面框架效果

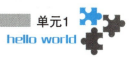

任务 4 显示购物车商品文字——text 组件

【任务描述】

完成文本添加，设置文本样式，实现购物车商品文字显示功能。

(1)在指定的位置显示文本。

(2)修改文本样式。

【知识链接】

在微信小程序项目开发中，页面文本的显示方法有多种，常用的是用 text 组件进行显示。text 组件在显示上是行内元素，可以通过样式的设置，设置文本的显示大小、位置、对齐等效果。text 组件属性如图 1-21 所示。

```
<text space="nbsp">文字      中间 有空格</text>
```

text

> 基础库 1.0.0 开始支持，低版本需做兼容处理。

文本。

属性	类型	默认值	必填	说明	最低版本
selectable	boolean	false	否	文本是否可选 (已废弃)	1.1.0
user-select	boolean	false	否	文本是否可选，该属性会使文本节点显示为 inline-block	2.12.1
space	string		否	显示连续空格	1.4.0
decode	boolean	false	否	是否解码	1.4.0

图 1-21　text 组件属性

【操作步骤】

操作视频

(1)导入微信小程序项目，打开 cart/cart. wxml 文件，在类名为 item 的第一个组件

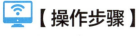

下添加子元素,输入<view class="right"></view>,并向其内添加<text class="detail">文艺笔记本子精致 盐系ins风横线本学生记录本读书笔记摘抄本手账日记本日系复古手账本本子小清新花卉本时光隧道</text>,显示第一个商品的文字描述,如图1-22所示。

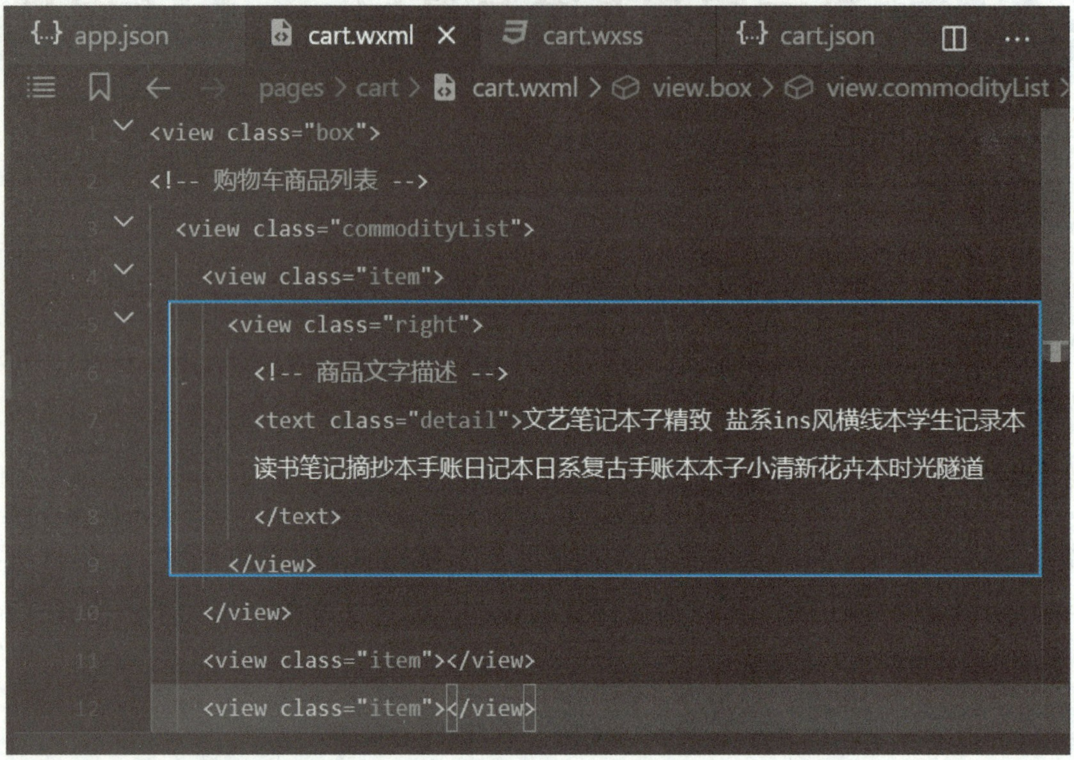

图1-22 添加文本text组件显示第一个商品的文字描述

(2)打开cart/cart.wxss文件,为类名为right和类名为detail的组件添加如下样式。

```
.item .right{width:60%;float:right;}/* 设置商品描述居右 */
.detail{
    /* 设置商品描述超过3行后隐藏,用省略号显示 */
    display:-webkit-box;
    height:120rpx;
    color:#000000;
    line-height:40rpx;
    word-break:break-all;
    -webkit-box-orient:vertical;
    -webkit-line-clamp:3;
    overflow:hidden;
    text-overflow:ellipsis;
}
```

为了使文字不溢出,此处样式设置了宽度并在文字超过3行之后用省略号表示,编译保存之后,效果如图1-23所示。

(3)打开cart.wxml文件,为类名为detail的text组件添加同级元素,输入<text class="price">¥9.90</text>,为商品添加单价文字,如图1-24所示。

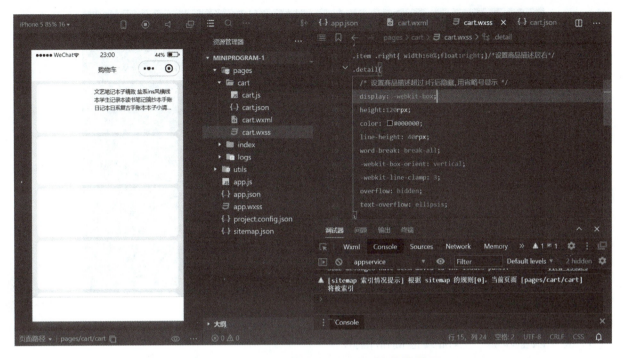

图 1-23　为商品描述文字添加样式的效果

图 1-24　添加 text 组件显示商品单价文字

(4)打开 cart.wxss 文件,为单价文字添加样式。

```
.price{
    color:red;
    font-weight:bold;
    line-height:112rpx;
}
```

编译保存之后,效果如图 1-25 所示。

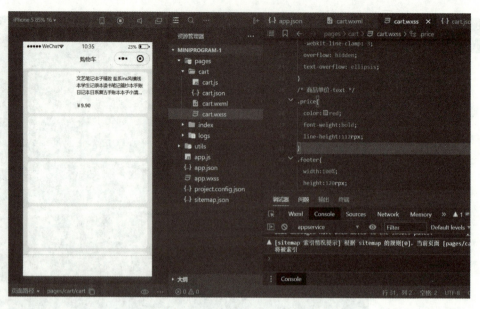

图1-25 添加text组件显示商品单价的效果

（5）重复以上步骤，添加其他商品信息。

```
<view class="box">
<!-- 购物车商品列表 -->
    <view class="commodityList">
        <view class="item">
            <view class="right">
                <!-- 商品文字描述 -->
                <text class="detail">文艺笔记本子精致 盐系ins风横线本学生记录本读书笔记摘抄本手账日记本日系复古手账本本子小清新花卉本时光隧道
                </text>
                <!-- 商品单价 -->
                <text class="price">￥9.90</text>
            </view>
        </view>
        <view class="item">
            <view class="right">
                <text class="detail">短袖T恤女士上衣夏装新款韩范打底衫半袖棉t上衣
</text>
                <text class="price">￥39.90</text>
            </view>
        </view>
        <view class="item">
            <view class="right">
                <text class="detail">英雄钢笔359正姿小学生专用成人练字特细墨囊墨水办公书法硬笔礼物送礼儿童卡通男女孩三年级铱金笔刻字官方</text>
                <text class="price">￥29.90</text>
```

```
            </view>
        </view>
        <view class="item">
            <view class="right">
                <text class="detail">官网 Huawei/华为 畅享 20 SE 5G 新品手机官方旗舰店正品畅想 20se 全</text>
                <text class="price">￥1828</text>
            </view>
        </view>
        <view class="item">
            <view class="right">
                <text class="detail">魔法士干脆面办公室整箱 48 袋混搭干吃面速食即食方便面魔法师年货</text>
                <text class="price">￥18</text>
            </view>
        </view>
        <view class="item">
            <view class="right">
                <text class="detail">舒心抽纸家用大码加厚大包大号实惠装整箱餐巾卫生面巾擦手抽纸巾</text>
                <text class="price">￥32.90</text>
            </view>
        </view>
    </view>
    <view class="footer"></view>
</view>
```

编译保存之后，本任务最终效果如图 1-26 所示。

图 1-26　商品文字信息最终效果

任务 5　添加购物车商品图片——image 组件

【任务描述】

完成图片添加，设置图片样式，实现购物车商品图片显示功能。

(1) 把图片复制到项目中。

(2) 显示图片。

(3) 修改图片样式。

【知识链接】

在微信小程序项目开发中，可以直接把部分需要用到的图像图标文件复制到项目中，并可以通过样式的设置，实现预期的显示效果。

在进行图片文件的引用时，必须掌握图片文件资源的路径。

image 组件使用示例：

```
<image  src="../images/img.jpg" mode="widthFix" ></image>
```

image 组件重点属性如图 1-27 所示。

image

基础库 1.0.0 开始支持，低版本需做兼容处理。

图片。支持 JPG、PNG、SVG、WEBP、GIF 等格式，2.3.0 起支持云文件ID。

重点属性：

属性名	类型	默认值	说明
src	String		图片资源地址
mode	String	'scaleToFill'	图片裁剪、缩放的模式
binderror	HandleEvent		当错误发生时，发布到AppService的事件名，事件对象event.detail = { errMsg: 'something wrong' }
bindload	HandleEvent		当图片载入完毕时，发布到AppService的事件名，事件对象event.detail = {}

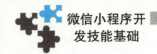

图 1-27　image 组件重点属性

【操作步骤】

(1) 在微信开发者工具中导入任务 4 完成的小程序项目，单击资源管理器中某一个

操作视频

文件夹，在该文件夹上单击鼠标右键，在弹出的快捷菜单中执行"在资源管理器中显示"命令，如图 1-28 所示。

图 1-28　执行"在资源管理器显示"命令

（2）在项目文件夹下创建一个 images 文件夹，与 pages 文件夹同级，如图 1-29 所示。

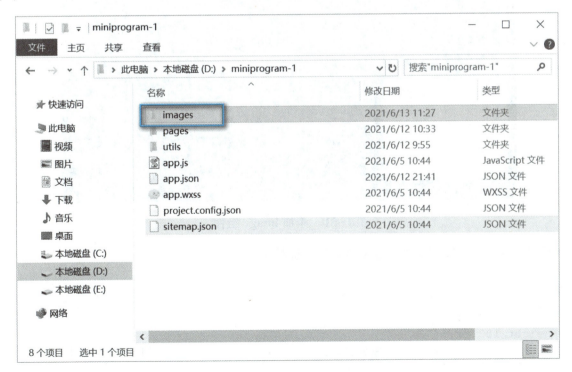

图 1-29　创建 images 文件夹

（3）把本任务所需素材中的图片文件复制到 images 文件夹中，如图 1-30 所示。

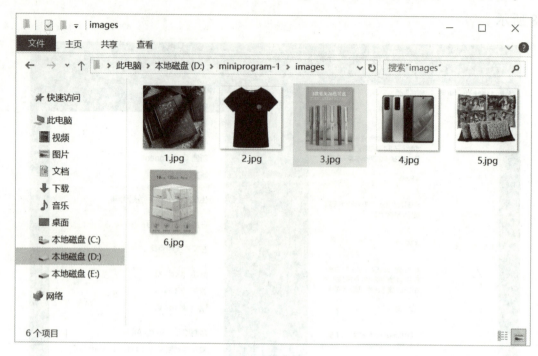

图 1-30　把图片文件复制到 images 文件夹中

（4）在"微信开发者工具"界面中打开 cart/cart.wxml 文件，在类名为 item 的第一个组件下添加子元素，输入 <image src="/images/1.jpg" class="img"></image>，保存编译，如图 1-31 所示。

图 1-31　添加 image 组件

（5）打开 cart.wxss 文件，给 image 组件添加样式。

```
.item .img{
    width:180rpx;
    height:180rpx;
    border-radius:10rpx;/* 圆角边框*/
}
```

设置 width:164rpx、height:164rpx，实现指定图片的宽度和高度的效果；设置 border-radious:10rpx，实现图片圆角边框效果，如图 1-32 所示。

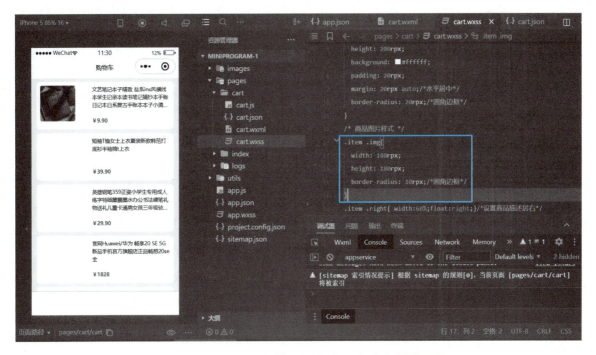

图 1-32　为 image 属性设置宽度、高度和圆角边框

（6）打开 cart.wxml 文件，在类名为 item 的其他组件下添加子元素<image src="../../images/2.jpg" class="img"></image>等组件，为其他商品添加图片，如图 1-33 所示。注意子元素组件中图片名称要根据引用的图片名称进行更改，保存编译。

图 1-33　为其他商品添加图片

经验分享

在引入外部文件时，应注意路径的书写。

`<image src="/images/1.jpg"></image>`

`<image src="../../images/1.jpg"></image>`

以上两个 image 组件引入写法，第二个 src 的路径比第一个多了 ../../，但两者所引用的文件是相同的，路径引用符号说明见表 1-1。

表 1-1 路径用引符号说明

符号	说明
"/"	代表根目录
"./"	代表当前目录
"../"	代表当前目录的上一级目录
"../../"	代表当前目录的上上级目录

任务 6　添加购物车商品选择按钮——checkbox 组件

【任务描述】

使用 checkbox 组件，完成购物车商品选择功能界面。

（1）使用 checkbox 组件，为每个商品添加选择框。

（2）正确使用 checkbox-group 组件，绑定每个 checkbox。

（3）修改 checkbox 样式。

【知识链接】

checkbox 是表单组件中的多选项目组件，可以实现多选效果。在本任务中我们使用 checkbox 组件实现商品的选择效果。checkbox-group 是多个 checkbox 集合在一起，具有 bindchange 属性，当多项选择器内的选择框选中项发生改变时触发 change 事件。checkbox 组件属性如图 1-34 所示。

checkbox 的使用示例：

```
<checkbox checked color="red" value="value"></checkbox>
```

图 1-34　checkbox 组件属性

【操作步骤】

（1）打开任务 5 完成的小程序项目，打开 cart.wxml 文件，在类名为 box 的组件内添加<checkbox-group></checkbox-group>，将除该组件外的组件全包含在 checkbox-group 组件内，添加多项选择器，编译保存，如图 1-35 所示。

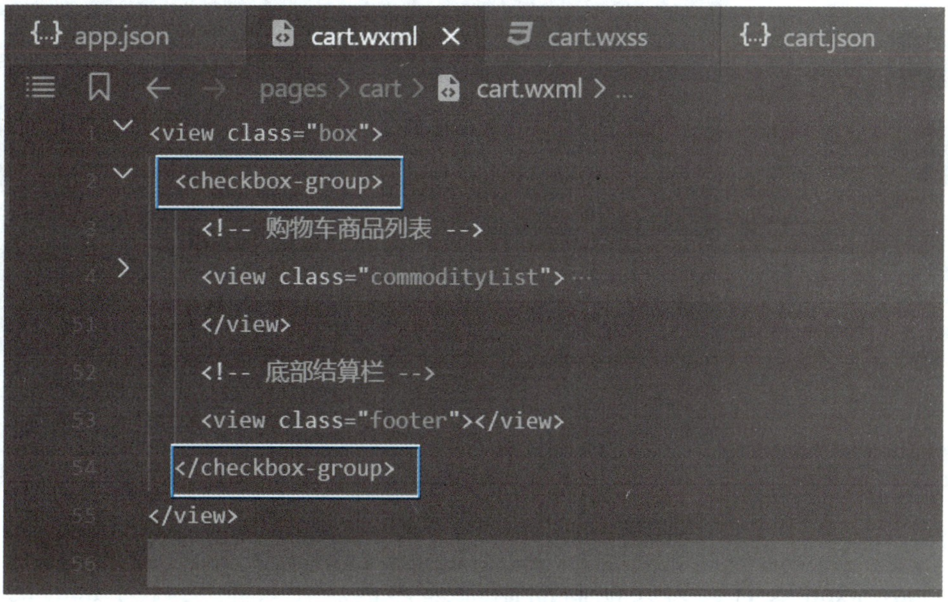

操作视频

图 1-35　添加多项选择器

（2）在类名为 item 的第一个组件内添加子元素，输入<checkbox checked = "{{true}}"

color="red" value="item1"></checkbox>，为第一个商品添加选择框，编译保存，如图1-36所示。

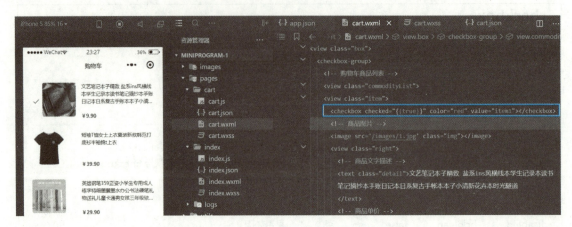

图1-36　为第一个商品添加选择框

（3）打开cart.wxss文件，为checkbox组件添加如下样式。

```
checkbox.wx-checkbox-input{
    width:40rpx;/* 选择框的宽 */
    height:40rpx;/* 选择框的高 */
    margin-top:-148rpx;/* 商品容器的一半+自身高度的一半,实现垂直居中 */
}
```

微信小程序checkbox组件有默认样式，因此需要加入.wx-chexkbox-input，这样才能覆盖默认样式。效果如图1-37所示。

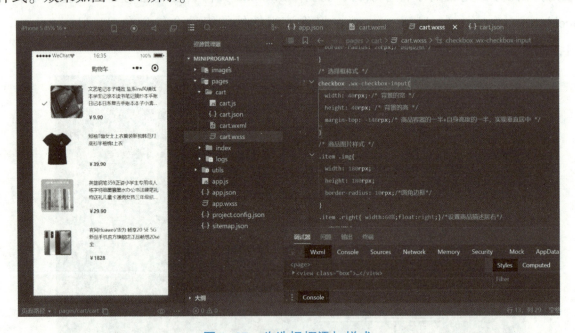

图1-37　为选择框添加样式

（4）打开cart.wxml文件，为其他商品添加选择框。在其他类名为item的组件内添加<checkbox checked="{{false}}" color="red" value="item2"></checkbox>。注意value值要进行相应的更改，每个选择框的value值都应是唯一的，如图1-38所示。

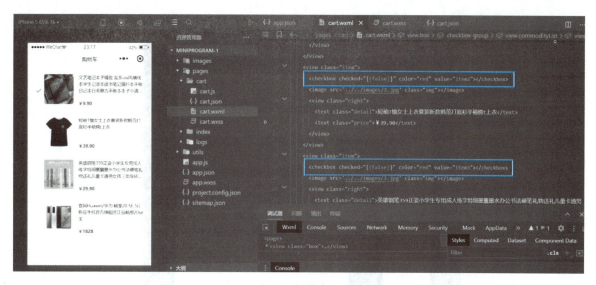

图 1-38　为其他商品添加选择框

（5）为底部计算栏添加全选选择框。在类名为 footer 的组件内添加<checkbox color="red" value="all">全选</checkbox>，如图 1-39 所示。

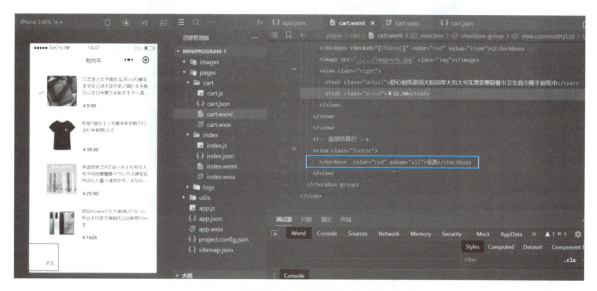

图 1-39　为底部计算栏添加全选选择框

（6）打开 cart.wxss 文件，为底部的 checkbox 组件添加如下样式。

```
.footer checkbox.wx-checkbox-input{
    margin-top:0;
}
```

本任务最终效果如图 1-40 所示。

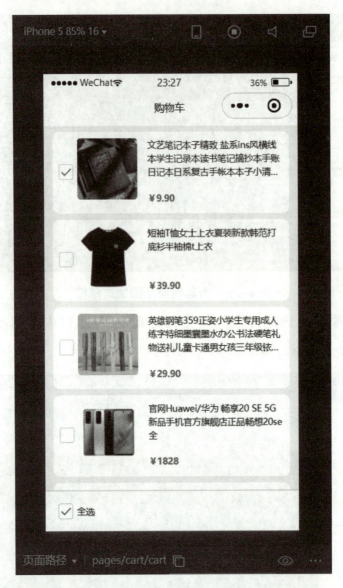

图 1-40 任务 6 最终效果图

任务 7 添加购物车结算和商品数量操作按钮——button 组件

【任务描述】

实现购物车结算按钮和商品数量按钮的添加，利用所学知识完善购物车页面。

（1）使用 button 组件添加购物车结算按钮和商品数量操作按钮。

（2）使用 input 组件显示和操作购物车单款商品数量。

（3）修改 button 和 input 组件。

【知识链接】

button 组件是微信小程序的按钮组件,具有较多的属性,具有默认样式;input 组件是微信小程序的输入框组件。我们可以通过样式的设置,更改按钮及输入框的大小、颜色等。

button 组件使用示例:

```
<button loading type="primary">请稍候,加载中</button>
```

【操作步骤】

(1)打开任务 6 完成的项目,打开 cart.wxml 文件,在类名为 price 的第一个组件(即第一款商品单价)下添加一个 view 组件、两个 button 组件和一个 input 组件,input 组件通过 type 和 maxlength 属性设置只能输入数字,且不超过 2 位数,为第一款商品添加商品数量操作组件,如图 1-41 所示。

操作视频

图 1-41　为第一款商品添加商品数量操作组件

(2)打开 cart.wxss 文件,为 button 和 input 组件添加如下样式。

```
.num_tool{
    display:flex;
    flex-direction:row;
    float:right;
    margin-top:40rpx;
}
.num_tool.num_btn{
    width:64rpx;
    height:40rpx;
```

```
    line-height:40rpx;
    padding:0;
}
.num_tool input{
    width:48rpx;
    padding:0 10rpx;
    text-align:center;
}
```

效果如图 1-42 所示。

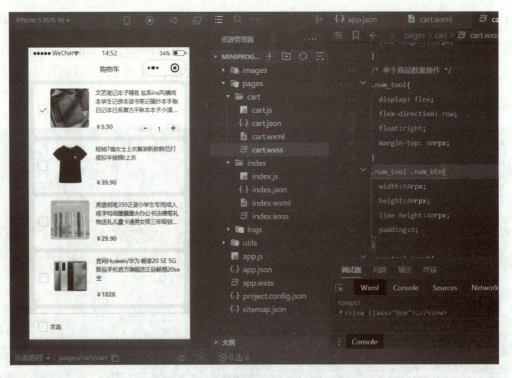

图 1-42　商品数量操作组件效果

(3) 打开 cart.wxml 文件，重复步骤(1)，为其他商品添加数量操作组件，效果如图 1-43 所示。

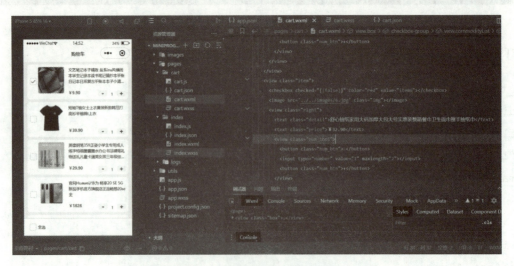

图 1-43　为其他商品添加数量操作组件

(4)添加组件，在底部全选框的右侧显示合计金额文本和"去结算"按钮，如图 1-44 所示。

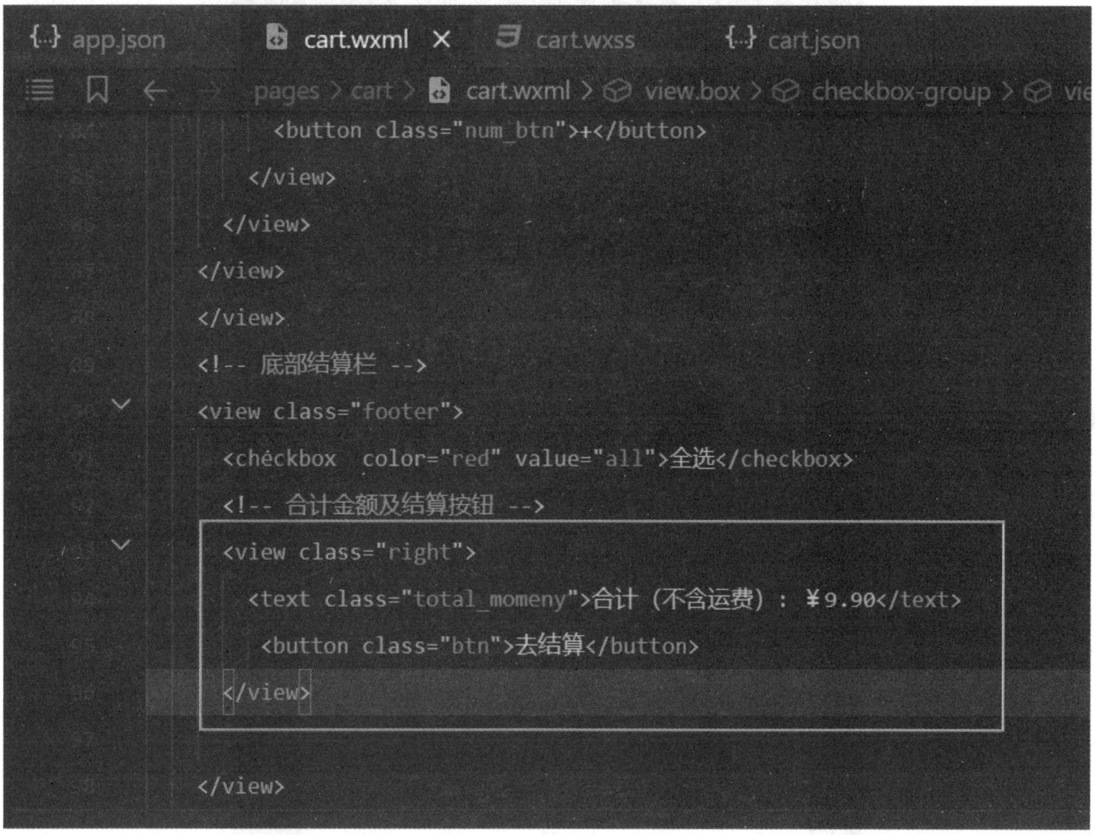

图 1-44　添加组件显示合计金额文本和"去结算"按钮

(5)打开 cart.wxss 文件，为底部合计金额文本和"去结算"按钮添加如下样式。

```
.footer.right{
    display:flex;
    height:100%;
    flex-direction:row;
    align-items:center;/* 合计金额文本和"去结算"按钮垂直居中*/
}
.footer.right.btn{
    margin-left:20rpx;
    background:red;
    border-radius:80rpx;/* 按钮圆角边框*/
    color:#ffffff;
    width:200rpx;
    height:80rpx;
    font-size:28rpx;
    padding:20rpx
}
```

编译保存之后，本任务最终效果如图 1-45 所示。

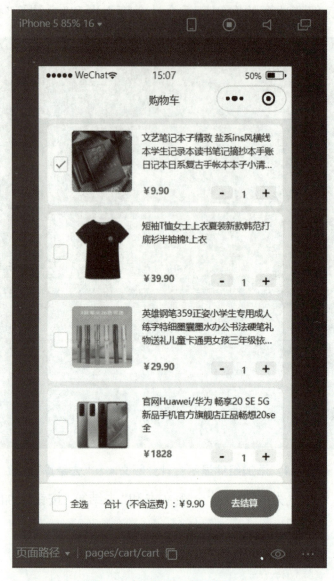

图 1-45 任务 7 最终效果

任务 8 tabBar 导航——底部菜单设置

【任务描述】

实现 tabBar 导航的添加，完成底部菜单项的图标设置。

（1）通过编辑 app.json 文件内容，实现 tabBar 导航的添加。

（2）配置导航菜单项的页面路径。

（3）配置导航菜单项的图标。

【知识链接】

实现 tabBar 导航设置，代码编辑在 app.json 文件内进行。

tabBar 导航需要设置的值，常用的有 pagePath、text、iconPath、selectedIconPath。其中 pagePath 设置跳转的路径，text 设置菜单项的文字，iconPath 设置菜单项未被选中时的图标，selectedIconPath 设置菜单项被选中时的图标。

【操作步骤】

（1）打开任务 7 完成的项目，打开 app.json 文件，把"pages"项内的""pages/index/index","调整到第一行，实现首页为 pages/index/index 的效果，如图 1-46 所示。

操作视频

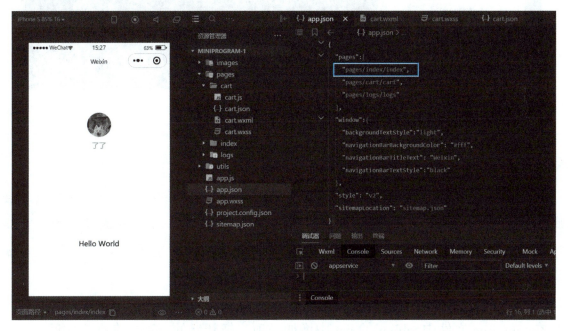

图 1-46　实现首页为 **pages/index/index**

（2）在 app.json 文件中添加如下代码。

```
"tabBar":{
    "list":[
        {
            "pagePath":"pages/index/index",
            "text":"首页"
        },
        {
            "pagePath":"pages/logs/logs",
            "text":"日志"
        }
    ]
},
```

在 pages/index/index 页面中生成了底部导航，如图 1-47 所示。

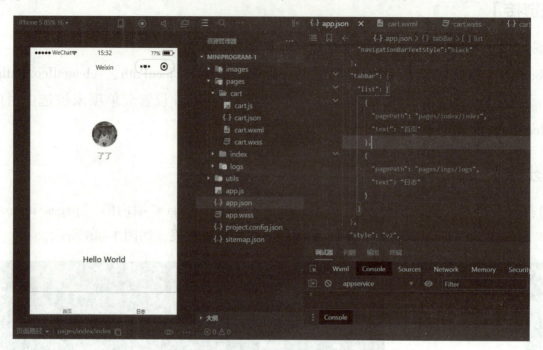

图 1-47　生成底部导航

> **经验分享**
>
> 在 app.json 中输入 tabBar 的所有代码后，马上保存，正常情况下，模拟器就会看到底部标签呈现出来。如果底部导航菜单不能显示出来，可以尝试暂时把 "style"："v2" 这一行命令删除，再保存调试，等看到模拟器中底部菜单呈现出来后，再恢复删除的代码。

（3）在 app.json 文件中 tabBar 的 list 中增加一项，把新增的一项放在数组中间。

```
{
    "pagePath":"pages/cart/cart",
    "text":"购物车"
},
```

保存后，页面的底部导航增加了一个"购物车"菜单项，如图 1-48 所示。

> **经验分享**
>
> 底部导航菜单项的排序是按照每一项在 tabBar 的 list 中所在位置来确定的，如"购物车"在第二项，则其在导航中的位置为中间。

（4）把素材中的底部导航图标中的 home1.png、home2.png、log1.png、log2.png、cart1.png、cart2.png 等图片文件复制到项目文件夹下的 images 文件夹中，如图 1-49 所示。

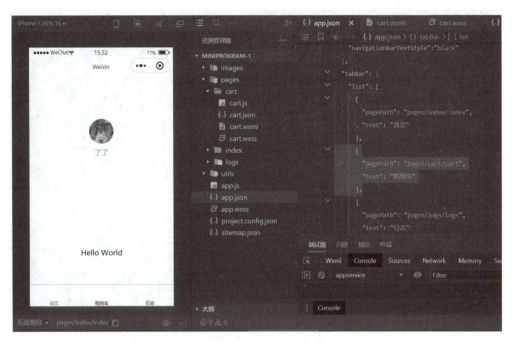

图 1-48　底部导航增加了一个"购物车"菜单项

图 1-49　把图片文件复制到项目文件夹下的 images 文件夹中

（5）打开 app.json 文件，在"首页"菜单项下添加两行代码：

```
"iconPath":"images/home1.png",
"selectedIconPath":"images/home2.png"
```

其中 iconPath 的作用是定义菜单项的图标文件为 images/home1.png；selectedIconPath 的作用是定义当菜单项选中时，显示的图标为 images/home2.png，如图 1-50 所示。

图 1-50 底部导航"首页"菜单项图标设置

(6)打开 app.json 文件,在"购物车"菜单项下添加两行代码:

```
"iconPath":"images/cart1.png",
"selectedIconPath":"images/cart2.png"
```

在"日志"菜单项下添加两行代码:

```
"iconPath":"images/log1.png",
"selectedIconPath":"images/log2.png"
```

为"购物车""日志"菜单项配置对应的图标,如图 1-51 所示。

图 1-51 为"购物车""日志"菜单项配置对应的图标

(7)点击"购物车"菜单项后,显示 pages/cart/cart 页面内容,如图 1-52 所示。

图 1-52　显示 paqes/cart/cart 页面内容

(8)点击"日志"菜单项后,显示 pages/logs/logs 页面内容,如图 1-53 所示。

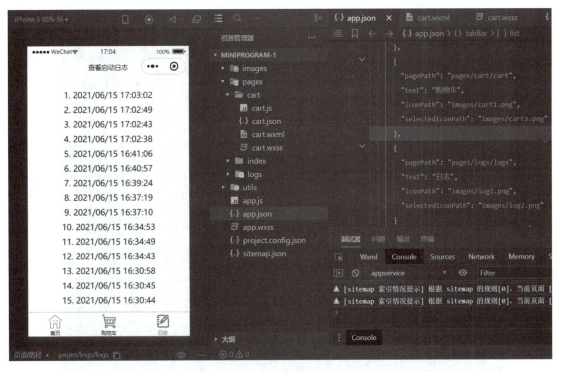

图 1-53　显示 pages/logs/logs 页面内容

任务 9　navigator 导航组件——跳转到子页面

【任务描述】

实现页面之间的跳转功能。

（1）在首页添加按钮，绑定事件，实现在事件发生时跳转到另一子页面的功能。

（2）在子页面添加链接，用链接实现跳转到首页。

【知识链接】

微信小程序项目开发中，若有多个页面，页面之间的跳转则是必不可以少的。页面之间的跳转有许多实现方式，既可以通过绑定事件实现，也可以通过链接实现。

【操作步骤】

（1）新建一个小程序项目，如图 1-54 所示。

操作视频

图 1-54　新建一个小程序项目

（2）打开 index/index.wxml 文件，添加一个按钮组件\<button bindtap="tologs"\>跳转到日志页面\</button\>，得到一个绑定了 tologs 函数的按钮，如图 1-55 所示。

— 38 —

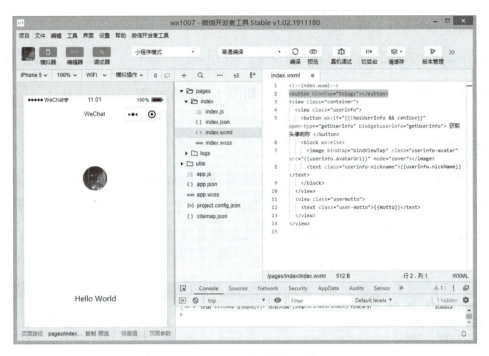

图 1-55　添加按钮组件

(3) 打开 index/index.js 文件，添加如下代码。

```
tologs:function(){
    wx.navigateTo({
        url:'../logs/logs'
    })
},
```

设计的函数名称是 tologs，执行跳转到 ../logs/logs 页面的功能，如图 1-56 所示。

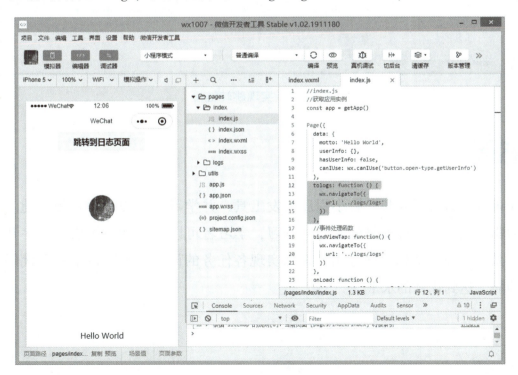

图 1-56　设计函数 tologs

（4）打开 logs/logs 文件，添加如下代码。

```
<navigator url="../index/index">链接到首页</navigator>
```

实现跳转到../index/index 页面的链接，如图 1-57 所示。

> **经验分享**
>
> 在页面跳转实现中，不管是应用 API 函数 wx.navigateTo({url: '../logs/logs'})，还是应用组件<navigator url="../index/index">，其中的 url 的定义都类似于网页设计中的 URL(统一资源定位符)，路径的应用也与网页设计的相似。

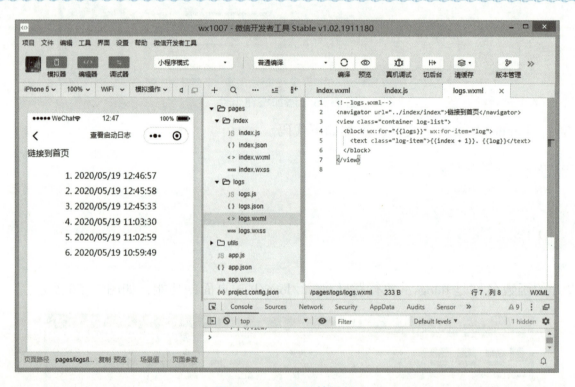

图 1-57　实现跳转链接

【单元总结】

本单元讲解了如何下载和安装小程序开发工具，并学习了小程序项目的创建。以实现购物车页面为驱动任务，通过反复的操作与练习，学习者可以熟练掌握微信小程序开发的基本操作过程和微信小程序基础组件应用，熟练实现各任务的设计，能够在不参考代码的情况下实现设计功能，达到优秀的水平。

【拓展练习】

拓展任务 1

【任务描述】

完成购物车页面选择框样式更改，设置选择框为圆角样式，如图 1-58 所示。

(1) 根据本单元的学习内容，制作新的购物车页面。

(2) 修改选择框样式，实现选择框圆角样式设置。

拓展任务 2

【任务描述】

使用 text 组件添加商品活动标签，如图 1-59 所示。

(1) 添加 text 组件，用于显示商品活动标签。

(2) 修改标签样式，设置圆角边框及背景、字体颜色。

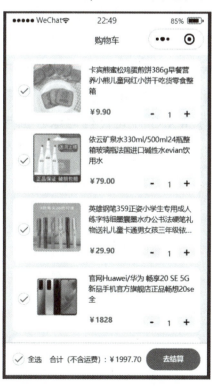

图 1-58　设置选择框为圆角样式

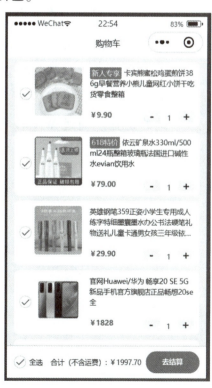

图 1-59　添加商品活动标签

PROJECT 2 单元 ②

页面布局

学习目标

本单元从简单到复杂，学习个人中心案例、商品信息案例、进度条案例、会员图标案例、优惠信息案例、商品展示案例、信息列表案例、商品角标案例、布局案例、首页案例等任务。在任务中，重点讲解 .wxml 和 .wxss 文件的代码编辑，应用 view、text、image 等组件实现预期的页面效果。

通过本单元的内容，学习 view、text、image 等组件在页面布局中的基本应用，在布局应用中，学习文本对齐、背景色、前景色、边框、元素旋转等样式的设置。通过 WXML 页面上的组件与 WXSS 样式代码的综合应用，实现任务描述的设计效果。

【知识概述】

在小程序开发工作中，前端开发是一项重要的专业技能。小程序作品的页面布局，是由许多局部的布局组成的。只有学会局部细节的布局实现，才能更好地掌握小程序前端技能。在布局设计中，需要理解 view、text、image 等组件在.wxml 文件上应用，掌握.wxss 样式文件的代码功能。

WXML 是框架设计的一套标签语言，结合基础组件、事件系统，可以构建出页面的结构。在 WXML 的语法规则里，常见的元素是闭合标签。

例：

```
<text>Hello World</text>
```

该标签表示<text>组件，组件的开始标签是<text>，结束标签是</text>。在开始标签与结束标签之间，可以放置标签内显示的内容，内容可以是文本，也可以是组件。

WXSS 是一套样式语言，用于描述 WXML 的组件样式。

WXSS 用于决定 WXML 的组件应该怎么显示。

WXSS 具有 CSS 大部分特性。同时为了更适合开发微信小程序，WXSS 对 CSS 进行了扩充及修改。在具备 CSS 基础知识的基础上，学习 WXSS 会更容易。

任务 1　个人中心案例

【任务描述】

用 view 组件显示"个人中心"的信息，如图 2-1 所示。

（1）创建一个 view 组件，显示"个人中心"；设置适当的背景色、高度，设置文本水平居中、垂直居中。

（2）创建多个 view 组件，显示"学号""班级""姓名""成绩"等信息；设置适当的背景色、高度；文本内容分两行显示，文本在 view 组件中水平居中、垂直居中。

图 2-1　个人中心案例效果

【操作步骤】

（1）打开 index.wxml 文件，创建<view class="tit">个人

中心</view>和<view class="top"></view>组件；在<view class="top"></view>组件内，创建多个<view>组件，显示学号、班级、姓名、成绩等信息，如图 2-2 所示。

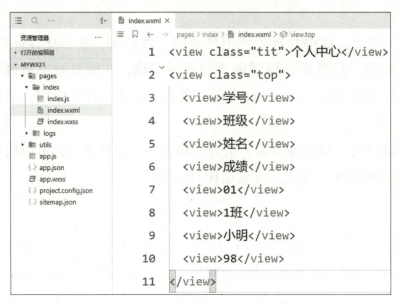

图 2-2　创建组件显示"个人中心"信息

index.wxml 代码如下：

```
1. <view class="tit">个人中心</view>
2. <view class="top">
3.     <view>学号</view>
4.     <view>班级</view>
5.     <view>姓名</view>
6.     <view>成绩</view>
7.     <view>01</view>
8.     <view>1 班</view>
9.     <view>小明</view>
10.    <view>98</view>
11. </view>
```

（2）打开 index.wxss 文件，设置"个人中心"样式。创建 .tit{height:100rpx;text-align:center;background-color:rgb(52,229,241);line-height:100rpx;} 样式，设置元素高度、文本居中、背景色、行高等属性，创建 top{display:flex;flex-wrap:wrap;background-color:rgb(52,229,241);justify-content:space-evenly;text-align:center;margin-top:10rpx;} 样式，设置盒子模型、背景色、文本居中等属性，如图 2-3 所示。

经验分享

父元素设置"display:flex;"时，"flex-wrap:wrap;"作用于子元素，当多个子元素横向排列的总宽度超过父元素的宽度时，子元素换行。

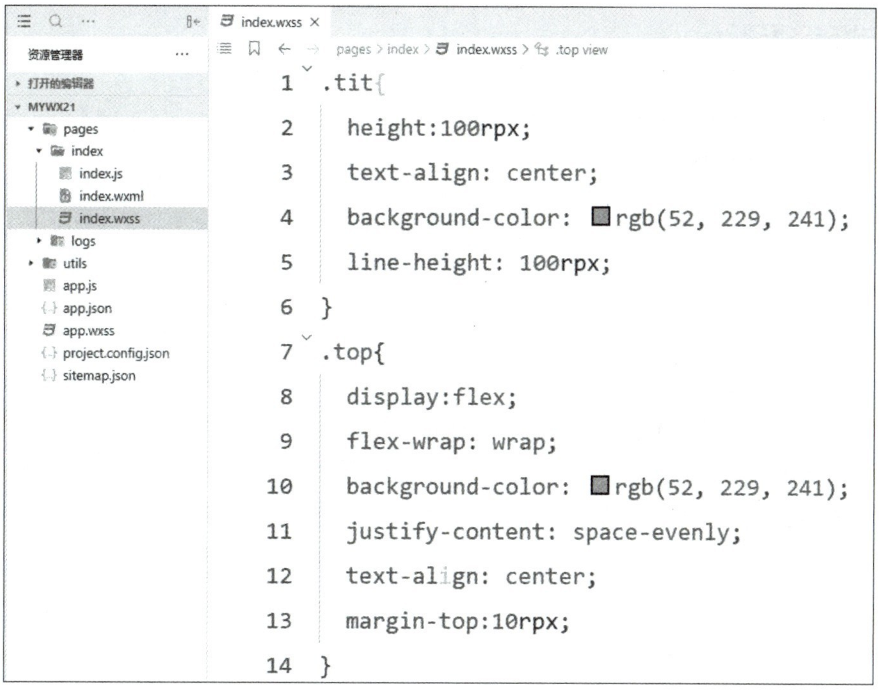

图 2-3　设置"个人中心"样式

（3）在 index.wxss 文件中设置子元素样式。创建 .top view{width:22%;height:80rpx;background-color:rgb(206,241,52);line-height:80rpx;margin:5rpx;}样式，设置元素宽度、高度、背景色、行高、外边距等属性，如图 2-4 所示。

图 2-4　设置子元素样式

index.wxss 代码如下：

```
1. .tit{
2.     height:100rpx;
3.     text-align:center;
4.     background-color:rgb(52,229,241);
5.     line-height:100rpx;
6. }
7. .top{
8.     display:flex;
```

```
9.     flex-wrap:wrap;
10.    background-color:rgb(52,229,241);
11.    justify-content:space-evenly;
12.    text-align:center;
13.    margin-top:10rpx;
14. }
15. .top view{
16.    width:22%;
17.    height:80rpx;
18.    background-color:rgb(206,241,52);
19.    line-height:80rpx;
20.    margin:5rpx;
21. }
```

任务 2　商品信息案例

【任务描述】

实现商品的图像、文本信息的展示,如图 2-5 所示。

(1)商品区域水平居中,设有边框,信息包括图像和文本。

(2)商品图像为正方形、圆角。

(3)"限时优惠"文本显示为粗体字。

(4)价格文本显示为红色、红色边框,原价价格文本设有删除线。

图 2-5　商品信息案例效果

【操作步骤】

(1)打开 index.wxml 文件,创建<view class="goodimg"></view>组件,在<view class="goodimg"></view>组件内,创建一个<image>组件,显示图像;创建<view class="goodtxt"></view>组件,在<view class="goodtxt"></view>组件内,创建多个<text>组件显示商品优惠等信息,如图 2-6 所示。

(2)打开 index.js 文件,定义变量 newprice,初始值为 28.8;定义变量 oldprice,初始值为

操作视频

68.8，如图 2-7 所示。

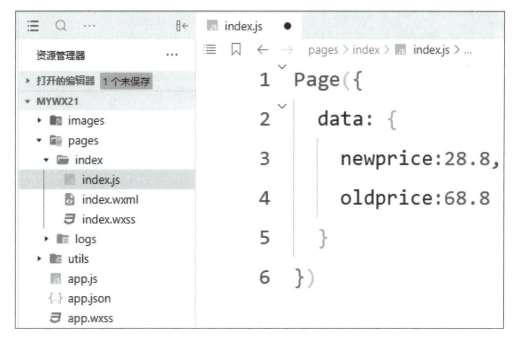

图 2-6　创建组件显示商品信息

图 2-7　定义两个商品价格变量

（3）打开 index.wxss 文件，创建 .goodimg｛margin:10rpx;height:300rpx;｝样式，设置元素的外边距、高度等属性；创建 .goodimg image｛width:200rpx;height:200rpx;border-radius:10rpx;｝样式，设置元素的宽度、高度、边框圆角等属性；创建 .good｛display:flex;justify-content:space-evenly;height:300rpx;border:10rpx solid rgb(219,218,218);border-radius:10rpx;｝样式，设置元素的盒子模型、高度、边框、边框圆角等属性；创建 .txt1｛font-weight:bold;display:block;｝样式，设置元素的字体加加粗、块级显示等属性；创建 .txt2｛display:block;｝样式，设

置元素为块级显示属性；创建.txt4{color:red;font-weight:bold;border:1px solid red;padding:0 5px 0 5px;}样式，设置元素的前景色、字体加粗、边框、内边距等属性；创建.txt6{color:red;text-decoration:line-through;border:1px solid red;padding:0 5px 0 5px;}样式，设置元素的前景色、字体删除线、边框、内边距等属性。

index.wxss 代码如下：

```
1. .goodimg{
2.     margin:10rpx;
3.     height:300rpx;
4. }
5. .goodimg image{
6.     width:200rpx;
7.     height:200rpx;
8.     border-radius:10rpx;
9. }
10. .good{
11.     display:flex;
12.     justify-content:space-evenly;
13.     height:300rpx;
14.     border:10rpx solid rgb(219,218,218);
15.     border-radius:10rpx;
16. }
17. .txt1{
18.     font-weight:bold;
19.     display:block;
20. }
21. .txt2{
22.     display:block;
23. }
24. .txt4{
25.     color:red;  font-weight:bold;
26.     border:1px solid red;
27.     padding:0 5px 0 5px;
28. }
29. .txt6{
30.     color:red;
31.     text-decoration:line-through;
32.     border:1px solid red;
33.     padding:0 5px 0 5px;
34. }
```

> **经验分享**
>
> 设置"display:flex;justify-content:space-evenly;"后的效果为子元素之间的空白平均分配。
>
> "text-decoration:line-through;"实现文本删除线效果。

任务 3 进度条案例

 【任务描述】

完成进度条的设计,如图 2-8 所示。

(1)进度条的高度设置适当。

(2)进度条右侧显示进度数据。

(3)第一个进度条的完成进度设为 20,第二个进度条的完成进度设为 60。

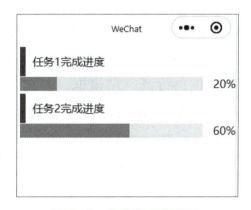

图 2-8 进度条案例效果

 【操作步骤】

操作视频

(1)打开 index.wxml 文件,创建<view class="tit">任务 1 完成进度</view>组件和<view class="progress-box"><progress percent="20" show-info stroke-width="20"/></view>显示一个进度条;创建<view class="tit">任务 2 完成进度</view>组件和<view class="progress-box"><progress percent="60" show-info stroke-width="20"/></view>组件显示第二个进度条,如图 2-9所示。

图 2-9 创建进度条组件

index.wxml 代码如下:

```
1.<view class="tit">任务 1 完成进度</view>
2.<view class="progress-box">
3.    <progress percent="20" show-info stroke-width="20"/>
4.</view>
5.<view class="tit">任务 2 完成进度</view>
6.<view class="progress-box">
7.    <progress percent="60" show-info stroke-width="20"/>
8.</view>
```

> **经验分享**
>
> 设置 show-info,进度条显示数据。设置 percent="60",进度条当前数据为 60。

(2)打开 index.wxss 文件,创建 .tit{height: 100rpx;line-height:100rpx;border-left:20rpx solid rgb(124,0,248);padding-left:25rpx;margin-left:10rpx;margin-top:10rpx;}样式,设置元素的高度、行高、左边框、左内边距、左外边距、上外边距等属性;创建 .progress-box {padding-left:10rpx;}样式,设置元素的左内边距属性,如图 2-10 所示。

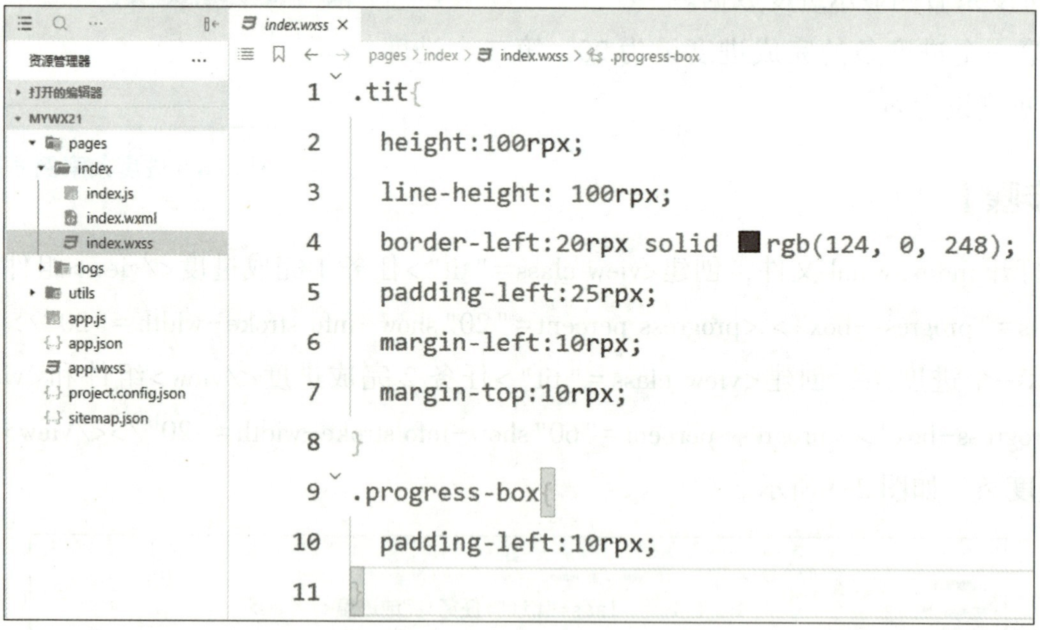

图 2-10 设置元素属性

index.wxss 代码如下:

```
1..tit{
2.    height:100rpx;
3.    line-height:100rpx;
4.    border-left:20rpx solid rgb(124,0,248);
```

```
5.     padding-left:25rpx;
6.     margin-left:10rpx;
7.     margin-top:10rpx;
8. }
9. .progress-box{
10.    padding-left:10rpx;
11. }
```

任务4　会员图标案例

【任务描述】

完成会员图标的效果设计，如图2-11所示。

（1）在页面顶部划分一个区域，设置适当的背景色。

（2）在区域左上角，显示一张会员图像，图像呈圆形，设有白色边框。

（3）在图像下方显示会员名称。

图2-11　会员图标案例效果

【操作步骤】

（1）打开 index.wxml 文件，创建<view id="top"> </view>组件、<view id="topimg"> </view>组件、<text>青铜会员</text>和<image src="../../images/p3.png"></image>组件，显示会员的文本信息和图像信息。

index.wxml 代码如下：

```
1. <view id="top">
2.    <view id="topimg">
3.       <text>青铜会员</text>
4.       <image src="../../images/p3.png"></image>
5.    </view>
6. </view>
```

> **经验分享**
>
> 在同一个页面中，元素的 id 值一般不重复。

（2）打开 index.wxss 文件，创建#top{height:400rpx;background-color:rgb(252,195,41);}样式，设置元素的高度、背景色属性；创建#topimg{position:absolute;left:20rpx;top:20rpx;height:150rpx;width:150rpx;border-radius:100%;background-color:rgb(255,255,255);}样式，设置元素的绝对定位、高度、宽度、边框圆角、背景色等属性；创建#topimg text{width:150rpx;height:40rpx;text-align:center;position:absolute;top:130rpx;left:5rpx;font-size:30rpx;border-radius:20rpx;background-color:rgb(54,240,240);}样式，设置元素的宽度、高度、文本居中、绝对定位、字体大小、边框圆角、背景色等属性；创建#topimg image{width:100%;height:100%;border-radius:100%;border:3px solid white;}样式，设置图像元素的宽度、高度、边框半径、边框等属性。

index.wxss 代码如下：

```
1. #top{
2.     height:400rpx;
3.     background-color:rgb(252,195,41);
4. }
5. #topimg{
6.     position:absolute;
7.     left:20rpx;
8.     top:20rpx;
9.     height:150rpx;
10.    width:150rpx;
11.    border-radius:100%;
12.    background-color:rgb(255,255,255);
13. }
14. #topimg text{
15.    width:150rpx;
16.    height:40rpx;
17.    text-align:center;
18.    position:absolute;
19.    top:130rpx;
20.    left:5rpx;
21.    font-size:30rpx;
22.    border-radius:20rpx;
23.    background-color:rgb(54,240,240);
24. }
```

```
25. #topimg image{
26.     width:100%;
27.     height:100%;
28.     border-radius:100%;
29.     border:3px solid white;
30. }
```

> **经验分享**
>
> "border:3px solid white;"表示边框线为白色。注意边框线颜色不要与背景色相同，否则无法区别。

任务 5　优惠信息案例

【任务描述】

实现商品优惠信息的效果，如图 2-12 所示。

（1）商品图在左侧，图像外设置边距。

（2）文本信息在右侧，每列文本边框设为白色。

【操作步骤】

（1）打开 index.wxml 文件，创建 < view class = "info" > </view>组件；在<view class = "info"></view>组件内创建<image src = "../../images/a1.jpg"></image>组件显示图像信息，创建多个<text class = "infotxt">组件显示文本信息，如图 2-13 所示。

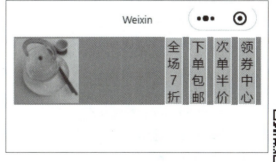

图 2-12　优惠信息案例效果

操作视频

（2）打开 index.wxss 文件，创建 .info image{width:190rpx;height:190rpx;position:absolute; left:10rpx;margin-top:5rpx;}样式，设置元素的宽度、高度、绝对定位、外边框等属性；创建 .info{background:rgb(208,134,218);height:200rpx;display:flex; justify-content:flex-end; position:relative;}样式，设置元素的背景色、高度、盒子模型、相对定位等属性；创建 .infotxt{text-align:center;width:50rpx;height:98%;border:1rpx solid rgb(255,255,255);margin-right:20rpx;background:rgb(240,186,176);}样式，设置元素的文本居中、宽度、高度、边框、右外

边距、背景色等属性。

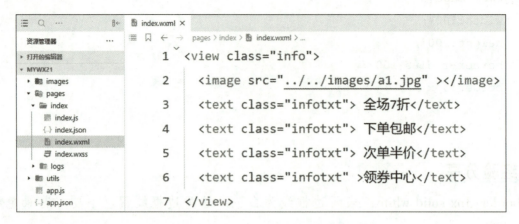

图 2-13　创建图像和文本组件

index.wxss 代码如下：

```
1. .info image{
2.     width:190rpx;
3.     height:190rpx;
4.     position:absolute;
5.     left:10rpx;
6.     margin-top:5rpx;
7. }
8. .info{
9.     background:rgb(208,134,218);
10.    height:200rpx;
11.    display:flex;
12.    justify-content:flex-end;
13.    position:relative;
14. }
15. .infotxt{
16.    text-align:center;
17.    width:50rpx;
18.    height:98%;
19.    border:1rpx solid rgb(255,255,255);
20.    margin-right:20rpx;
21.    background:rgb(240,186,176);
22. }
```

经验分享

父元素设置"position:relative;"实现相对定位，子元素设置"position:absolute;"实现绝对定位时，以父元素为参考。

任务 6　商品展示案例

【任务描述】

完成商品展示的效果，如图 2-14 所示。

（1）商品展示标题行设置背景色，文本左对齐。

（2）每行显示 3 个商品信息。

（3）商品名称显示于商品图中，背景色设置透明度值。

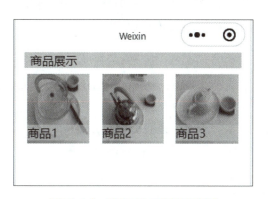

图 2-14　商品展示案例效果

【操作步骤】

（1）打开 index.wxml 文件，创建<view class="tit">商品展示</view>组件显示标题；创建<view class="showbox"></view>组件，并在<view class="showbox"></view>组件中，创建显示多组<image>和<text>组件，显示商品图像和文本信息。

index.wxml 代码如下：

操作视频

```
1. <view class="tit">商品展示</view>
2. <view class="showbox">
3.     <view>
4.         <image src="../../images/a1.jpg" class="flow"></image>
5.         <text class="txtflow">商品 1</text>
6.     </view>
7.     <view>
8.         <image src="../../images/a2.jpg" class="flow"></image>
9.         <text class="txtflow">商品 2</text>
10.    </view>
11.    <view>
12.        <image src="../../images/a3.jpg" class="flow"></image>
13.        <text class="txtflow">商品 3</text>
14.    </view>
15. </view>
```

（2）打开 index.wxss 文件，创建 .tit{background-color:rgb(252,210,74);width:90%;margin:0 auto;padding-left:20rpx;}样式，设置元素的背景色、宽度、外边距、左内边距等属

性；创建.showbox{height:220rpx;display:flex;justify-content:space-evenly;margin-bottom:20rpx;margin-top:20rpx;}样式，设置元素的高度、盒子模型、底外边距、上外边距等属性；创建.flow{display:block;width:200rpx;height:220rpx;}样式，设置元素的显示模式、宽度、高度等属性；创建.txtflow{text-align:left;margin-top:-60rpx;display:block;background-color:rgba(252,210,74,0.685);color:rgb(0,0,0);width:100%;z-index:99rpx;}样式，设置元素的文本左对齐、上外边距、显示模式、背景色、前景色、宽度、层次等属性。

index.wxss 代码如下：

```
1. .tit{
2.     background-color:rgb(252,210,74);
3.     width:90%;
4.     margin:0 auto;
5.     padding-left:20rpx;
6. }
7. .showbox{
8.     height:220rpx;
9.     display:flex;
10.    justify-content:space-evenly;
11.    margin-bottom:20rpx;
12.    margin-top:20rpx;
13. }
14. .flow{
15.    display:block;
16.    width:200rpx;
17.    height:220rpx;
18. }
19. .txtflow{
20.    text-align:left;
21.    margin-top:-60rpx;
22.    display:block;
23.    background-color:rgba(252,210,74,0.685);
24.    color:rgb(0,0,0);
25.    width:100%;
26.    z-index:99;
27. }
```

经验分享

"justify-content:space-evenly;"实现子元素水平方向之间的空白平均分配。

任务 7　信息列表案例

【任务描述】

完成信息列表的效果设计，如图 2-15 所示。

（1）"信息列表"标题行设置造型背景，下边框线为蓝色。

（2）用列表渲染显示信息行。

（3）前三行行号样式与其他行号样式不同。

（4）每行信息设置灰色下划线。

图 2-15　信息列表案例效果

【操作步骤】

（1）打开 index.wxml 文件，创建<view class="top"> </view>、<view class="title"> </view>和<view class="titletxt">信息列表</view>组件显示标题；创建<view wx：for="{{['第一行信息','第二行信息','第三行信息']}}" wx：key="id"></view>组件，采用列表渲染显示前三行信息；创建<view wx：for="{{['第四行信息','第五行信息','第六行信息']}}" wx:key="id">组件，采用列表渲染显示第四至第六行信息。

index.wxml 代码如下：

```
1. <view class="top">
2.     <view class="title">
3.         <view class="titletxt">信息列表</view>
4.     </view>
5. </view>
6. <view wx:for="{{['第一行信息','第二行信息','第三行信息']}}" wx:key="id">
7.     <view class="txtview">
8.         <text class="num1">{{index+1}}</text> <text class="txt">{{item}}</text>
9.
10.    </view>
11. </view>
12. <view wx:for="{{['第四行信息','第五行信息','第六行信息']}}" wx:key="id">
13.     <view class="txtview">
14.         <text class="num2">{{index+4}}</text> <text class="txt">{{item}}</text>
```

```
15.    </view>
16. </view>
```

> **经验分享**
>
> <view wx:for="{{['第一行信息','第二行信息','第三行信息']}}" wx:key="id">列表渲染后，页面上数据为三行。<text class="num1">{{index+1}}</text><text class="txt">{{item}}</text>中的 index 为数组索引值，item 为数组元素值。

（2）打开 index.wxss 文件，创建 .top{width:95%;border-bottom:5rpx solid rgb(11,82,236);margin:0 auto;} 样式，设置元素的宽度、下边框、外边距等属性；创建 .title{height:30px;width:100px;background-color:#4BE158;transform:skew(-35deg);border-radius:7px;text-align:center;margin-left:30rpx;} 样式，设置元素的高度、宽度、背景色、斜切、边框圆角半径、文本居中、左外边距等属性；创建 .titletxt{line-height:80rpx;text-align:center;color:white;transform:skew(35deg);} 样式，设置元素的高度、文本居中、背景色、斜切等属性；创建 .txtview{display:flex;margin:10rpx auto;border-bottom:1rpx solid rgb(207,207,207);width:95%;} 样式，设置元素的盒子模型、外边距、下边框、宽度等属性；创建 .num1{display:initial;width:50rpx;text-align:center;background-color:rgb(255,145,0);} 样式，设置元素的显示模式、宽度、文本居中、背景色等属性；创建 .num2{display:initial;width:50rpx;text-align:center;background-color:rgb(0,191,255);} 样式，设置元素的显示模式、宽度、文本居中、背景色等属性。

index.wxss 代码如下：

```
1. .top{
2.     width:95%;
3.     border-bottom:5rpx solid rgb(11,82,236);
4.     margin:0 auto;
5. }
6. .title{
7.     height:30px;
8.     width:100px;
9.     background-color:#4BE158;
10.    transform:skew(-35deg);
11.    border-radius:7px;
12.    text-align:center;
13.    margin-left:30rpx;
14. }
15. .titletxt{
```

```
16.     line-height:80rpx;
17.     text-align:center;
18.     color:white;
19.     transform:skew(35deg);
20. }
21. .txtview{
22.     display:flex;
23.     margin:10rpx auto;
24.     border-bottom:1rpx solid rgb(207,207,207);
25.     width:95%;
26. }
27. .num1{
28.     display:initial;
29.     width:50rpx;
30.     text-align:center;
31.     background-color:rgb(255,145,0);
32. }
33. .num2{
34.     display:initial;
35.     width:50rpx;
36.     text-align:center;
37.     background-color:rgb(0,191,255);
38. }
```

经验分享

"transform:skew(35deg);"实现元素顺时针斜切,"transform:skew(-35deg);"实现元素逆时针斜切。

任务8 商品角标案例

【任务描述】

完成商品角标的效果设计,如图2-16所示。

(1)商品信息包括商品图和商品名称。

(2) 角标置于商品图左上角，设置边框和背景色。

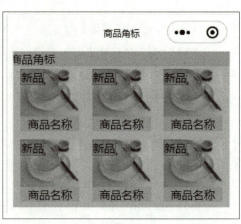

图 2-16　商品角标案例效果

【操作步骤】

(1) 打开 index.wxml 文件，创建<view class = "title">商品角标</view>组件显示标题，创建<view class = "box"></view>组件，在<view class = "box">组件内使用多组< image src = "../../images/a1.jpg"></image>、<text>商品名称</text>组件显示多个商品信息。

index.wxml 代码如下：

```
1.<view class="title">商品角标</view>
2.<view class="box">
3.    <view class="sbox">
4.        <image src="../../images/a1.jpg"></image>
5.        <text>商品名称</text>
6.    </view>
7.    <view class="sbox">
8.        <image src="../../images/a1.jpg"></image>
9.        <text>商品名称</text>
10.   </view>
11.   <view class="sbox">
12.       <image src="../../images/a1.jpg"></image>
13.       <text>商品名称</text>
14.   </view>
15.   <view class="sbox">
16.       <image src="../../images/a1.jpg"></image>
17.       <text>商品名称</text>
18.   </view>
19.   <view class="sbox">
20.       <image src="../../images/a1.jpg"></image>
21.       <text>商品名称</text>
22.   </view>
23.   <view class="sbox">
24.       <image src="../../images/a1.jpg"></image>
25.       <text>商品名称</text>
26.   </view>
27.</view>
```

(2) 打开 index.wxss 文件，创建 .title{background-color:rgb(56,226,238);}样式，设置元素的背景色属性；创建 .box{background-color:#a6eb95;display:flex;flex-wrap:wrap;justify-content:space-evenly;box-sizing:border-box;}样式，设置元素的背景色、盒子模型、box-sizing 等

属性；创建 image{width:200rpx;height:160rpx;position:relative;} 样式，设置元素的宽度、高度、相对定位等属性；创建 image::after{content:"新品";border:1px solid red;position:absolute;top:0;left:0;background-color:rgba(212,130,201,0.774);} 样式，设置元素伪元素：after 的属性；创建 .sbox{width:200rpx;height:220rpx;margin:10rpx;} 样式，设置元素的宽度、高度、外边距等属性；创建 text{display:block;width:100%;text-align:center;background-color:rgb(56,226,238);} 样式，设置元素的显示模式、宽度、文本居中对齐、背景色等属性。

> 经验分享

1. 关于 box-sizing

在 CSS 盒子模型的默认定义里，对一个元素所设置的 width 与 height 只会应用到这个元素的内容区。如果这个元素有任何的 border 或 padding，屏幕上的盒子宽度和高度会加上设置的边框和内边距值，也就是说当改变 border 或 padding 值时，盒子的大小会发生变化。为了避免这种情况出现，常用的方法是把 box-sizing 的值设置为 border-box。

2. 关于伪元素

"伪元素"，顾名思义，是指创建了一个虚假的元素，并插入目标元素内容之前或之后。尽管 CSS 规范中包含其他的伪元素，但用得比较多的伪元素为:before 和:after。

例：

#txt:before {
　　content:"序号";
}

上述代码可实现的功能是在 id 名为 txt 的元素后添加一个文本内容"序号"。

例：

#txt:after{
　　content:"。";
}

上述代码可实现的功能是在 id 名为 txt 的元素前添加一个文本内容"。"。

index.wxss 代码如下：

```
1. .title{
2.     background-color:rgb(56,226,238);
3. }
4. .box{
5.     background-color:#a6eb95;
6.     display:flex;
7.     flex-wrap:wrap;
8.     justify-content:space-evenly;
```

```
9.      box-sizing:border-box;
10. }
11. image{
12.     width:200rpx;
13.     height:160rpx;
14.     position:relative;
15. }
16. image:after{
17.     content:"新品";
18.     border:1px solid red;
19.     position:absolute;
20.     top:0;
21.     left:0;
22.     background-color:rgba(212,130,201,0.774);
23. }
24. .sbox{
25.     width:200rpx;
26.     height:220rpx;
27.     margin:10rpx;
28. }
29. text{
30.     display:block;
31.     width:100%;
32.     text-align:center;
33.     background-color:rgb(56,226,238);
34. }
```

> **经验分享**
>
> 当设置 text 标签的一些属性无效时，请更改 text 标签的显示模式，例如：text{display:block;}把 text 标签设置为块组元素，并独占一行；text{display:inline-block;}把 text 标签设置为块组元素，可以与其他元素同一行显示。

任务 9　布局案例

【任务描述】

完成首页布局的效果设计，如图 2-17 所示。

（1）背景由上下两部分，两部分衔接处不是水平线。

（2）背景衔接处上层呈现 3 个项目的广告区域，设置适当的背景色和边框。

（3）下方显示 3 个圆形造型的项目。

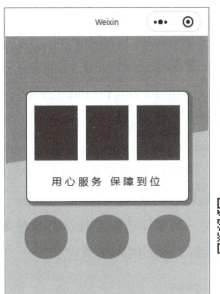

图 2-17　布局案例效果

【操作步骤】

（1）打开 index.wxml 文件，创建<view class="top"></view>组件显示背景；创建<view class="nav"></view>组件，并在其中创建 3 个<view class="navs"></view>组件；创建<view class="navtxt"></view>显示"用心服务　保障到位"文本信息；创建<view class="subnav"></view>组件，并在其中创建 3 个<view></view>组件。

index.wxml 代码如下：

```
1. <view class="top">
2. </view>
3. <view class="nav">
4.     <view class="navs"></view>
5.     <view class="navs"></view>
6.     <view class="navs"></view>
7. </view>
8. <view class="navtxt">
9. 用心服务　保障到位
10. </view>
11. <view class="subnav">
12.     <view></view>
13.     <view></view>
14.     <view></view>
15. </view>
```

（2）打开 index.wxss 文件，创建 page{background-color:rgb(212,208,208);}样式，设置页面的背景色属性；创建 .top{height:460rpx;background-color:rgb(235,149,45);width:150%;position:absolute;left:-50rpx;top:-80rpx;transform:rotate(-9deg);}样式，设置元素的高度、背景色、宽度、绝对定位、旋转等属性；创建 .nav{position:relative;width:80%;height:400rpx;background-color:white;border:2rpx solid #000;box-shadow:10rpx 10rpx 5rpx 5rpx #888888;margin:200rpx auto;z-index:99;border-radius:20rpx;}样式，设置元素的相对定位、宽度、高度、背景色、边框、阴影、外边距、层叠次序、边框圆角半径等属性；创建 .nav{display:flex;justify-content:space-evenly;}样式，设置元素盒子模型的属性；创建 .navs{width:160rpx;height:200rpx;background-color:rgb(128,60,131);margin-top:50rpx;}样式，设置元素的宽度、高度、背景色、外边距等属性；创建 .navtxt{position:relative;width:60%;height:100rpx;margin:-300rpx auto;z-index:9999;text-align:center;letter-spacing:0.3em;}样式，设置元素的相对定位、宽度、高度、外边距、层叠次序、文本居中对齐、文字间距等属性。创建 .subnav{position:relative;margin:350rpx auto;height:200rpx;display:flex;justify-content:space-evenly;}样式，设置元素的相对定位、外边距、高度、盒子模型等属性；创建 .subnav view{width:160rpx;height:160rpx;border-radius:100%;background-color:rgb(4,177,33);}样式，设置元素的宽度、高度、边框半径、背景色等属性。

index.wxss 代码如下：

```
1. page{
2.     background-color:rgb(212,208,208);
3. }
4. .top{
5.     height:460rpx;
6.     background-color:rgb(235,149,45);
7.     width:150%;
8.     position:absolute;
9.     left:-50rpx;
10.    top:-80rpx;
11.    transform:rotate(-9deg);
12. }
13. .nav{
14.    position:relative;
15.    width:80%;
16.    height:400rpx;
17.    background-color:white;
18.    border:2rpx solid #000;
19.    box-shadow:10rpx 10rpx 5rpx 5rpx #888888;
20.    margin:200rpx auto;
21.    z-index:99;
```

```
22.        border-radius:20rpx;
23.    }
24.    .nav{
25.        display:flex;
26.        justify-content:space-evenly;
27.    }
28.    .navs{
29.        width:160rpx;
30.        height:200rpx;
31.        background-color:rgb(128,60,131);
32.        margin-top:50rpx;
33.    }
34.    .navtxt{
35.        position:relative;
36.        width:60%;
37.        height:100rpx;
38.        margin:-300rpx auto;
39.        z-index:9999;
40.        text-align:center;
41.        letter-spacing:0.3em;
42.    }
43.    .subnav{
44.        position:relative;
45.        margin:350rpx auto;
46.        height:200rpx;
47.        display:flex;
48.        justify-content:space-evenly;
49.    }
50.    .subnav view{
51.        width:160rpx;
52.        height:160rpx;
53.        border-radius:100%;
54.        background-color:rgb(4,177,33);
55.    }
```

经验分享

当设置 z-index:9999 时，若标签的层叠次序仍然无效，须把元素的定位方式更改为相对，语句为 position:relative。

任务 10 首页案例

 【任务描述】

按样图效果完成首页的效果设计,如图 2-18 所示。

(1)顶部区域背景色为渐变色,文本内容置于右上角。

(2)中间部分呈现 3 个广告内容。

(3)下方显示 3 个图文信息。

 【操作步骤】

(1)打开 app.json 文件,添加 pages/room/index 页面,如图 2-19 所示。

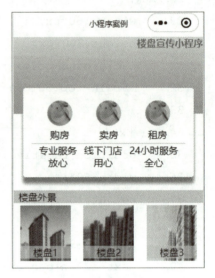

图 2-18 首页案例效果

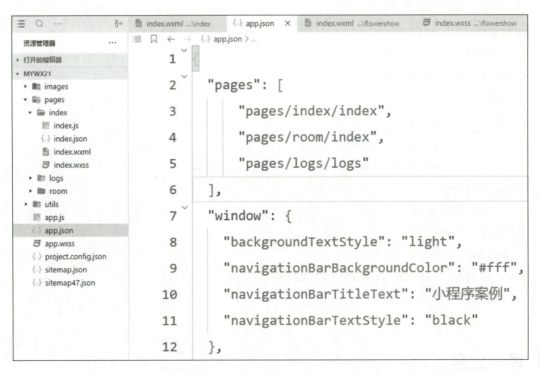

图 2-19

(2)打开 index/index.wxml 文件,添加<view class="header"><text>楼盘宣传小程序</text></view>页面,显示页面右上角的文本;在<view class="adv"></view>标签内创建<view class="advitem"></view>标签,在<view class="advitem"></view>标签内创建 3 个<view

class="item"></view>标签，显示"购房""卖房""租房"等 3 组图文信息；在<view class="adv"></view>标签内创建<view class="advtxt"></view>标签，在<view class="advtxt"></view>标签内，创建 3 个<view class="item"></view>标签，显示"专业服务"等 3 个文本信息。

index/index.wxml 代码如下：

```
1. <view class="header">
2.     <text>楼盘宣传小程序</text>
3. </view>
4. <view class="adv">
5.     <view class="advitem">
6.         <view class="item">
7.             <image src="../../images/a1.jpg"></image>
8.             <text class="itemtxt">购房</text>
9.         </view>
10.        <view class="item">
11.            <image src="../../images/a1.jpg"></image>
12.            <text class="itemtxt">卖房</text>
13.        </view>
14.        <view class="item">
15.            <image src="../../images/a1.jpg"></image>
16.            <text class="itemtxt">租房</text>
17.        </view>
18.    </view>
19.    <view class="advtxt">
20.        <view class="item">
21.            <text class="itemtxt">专业服务</text>
22.            <text class="itemtxt">放心</text>
23.        </view>
24.        <view class="item">
25.            <text class="itemtxt">线下门店</text>
26.            <text class="itemtxt">用心</text>
27.        </view>
28.        <view class="item">
29.            <text class="itemtxt">24 小时服务</text>
30.            <text class="itemtxt">全心</text>
31.        </view>
32.    </view>
33. </view>
34. <view class="conn">
35.     <include src="../room/index.wxml"/>
36. </view>
```

> **经验分享**
>
> `<include src="../room/index.wxml"/>` 可实现导入其他 .wxml 文件内容。

（3）打开 index/index.wxss 文件，创建 .header{height:300rpx;width:100%;background-image:linear-gradient(to bottom,rgb(243,240,40),rgb(81,241,129));text-align:right;color:rgb(122,122,122);font-weight:bold;} 样式，设置页面的高度、宽度、背景渐变色、文本右对齐、前景色、字体加粗等属性；创建 .adv{height:350rpx;width:90%;background-color:rgb(255,255,255);box-shadow:0 10px 5px #888888;border-radius:10rpx;position:absolute;top:200rpx;left:5%;} 样式，设置元素的高度、宽度、背景色、阴影、边框圆角半径、绝对定位等属性；创建 .conn{height:300rpx;margin-top:300rpx;background-color:rgb(255,255,255);} 样式，设置元素的高度、外边框、背景色等属性；创建 .item image{width:100rpx;height:100rpx;border-radius:100%;margin-top:50rpx;} 样式，设置元素的宽度、高度、边框半径、外边距等属性；创建 .advitem{display:flex;justify-content:space-evenly;} 样式，设置元素的盒子模型等属性；创建 .advtxt{width:90%;margin:10rpx auto;border-top:1rpx solid rgb(211,210,210);display:flex;justify-content:space-evenly;} 样式，设置元素的宽度、外边距、边框、盒子模型等属性；创建 .itemtxt{display:block;text-align:center;} 样式，设置元素的显示模式、文本居中等属性；使用命令"@import "../room/index.wxss";"引用其他样式文件。

index/index.wxss 代码如下：

```
1. .header{
2.     height:300rpx;
3.     width:100%;
4.     background-image:linear-gradient(to bottom,rgb(243,240,40),rgb(81,241,129));
5.     text-align:right;
6.     color:rgb(122,122,122);
7.     font-weight:bold;
8. }
9. .adv{
10.    height:350rpx;
11.    width:90%;
12.    background-color:rgb(255,255,255);
13.    box-shadow:0 10px 5px #888888;
14.    border-radius:10rpx;
15.    position:absolute;
16.    top:200rpx;
17.    left:5%;
```

```
18. }
19. .conn{
20.     height:300rpx;
21.     margin-top:300rpx;
22.     background-color:rgb(255,255,255);
23. }
24. .item image{
25.     width:100rpx;
26.     height:100rpx;
27.     border-radius:100%;
28.     margin-top:50rpx;
29. }
30. .advitem{
31.     display:flex;
32.     justify-content:space-evenly;
33. }
34. .advtxt{
35.     width:90%;
36.     margin:10rpx auto;
37.     border-top:1rpx solid rgb(211,210,210);
38.     display:flex;
39.     justify-content:space-evenly;
40. }
41. .itemtxt{
42.     display:block;
43.     text-align:center;
44. }
45. @import "../room/index.wxss";
```

> **经验分享**
>
> "@import "../room/index.wxss";"可实现导入其他.wxss文件内容。

（4）打开 room/index.wxml 文件，添加<view class="tit">楼盘外景</view>，显示页面提示信息；创建<view class="showbox"></view>标签，在<view class="showbox"></view>标签中显示 3 组图片和文字的信息。

room/index.wxml 代码如下：

```
1. <view class="tit">楼盘外景</view>
2. <view  class="showbox">
3.     <view >
```

```
4.        <image src="../../images/t1.jpg" class="flow"></image>
5.        <text class="txtflow">楼盘 1</text>
6.     </view>
7.     <view>
8.        <image src="../../images/t2.jpg" class="flow"></image>
9.        <text class="txtflow">楼盘 2</text>
10.    </view>
11.    <view>
12.       <image src="../../images/t3.jpg" class="flow"></image>
13.       <text class="txtflow">楼盘 3</text>
14.    </view>
15. </view>
```

(5)打开 room/index.wxss 文件,创建 .tit{background-color:rgb(252,210,74);width:100%;margin:10rpx auto;padding-left:20rpx;}样式,设置元素的背景色、宽度、外边距、内边距等属性;创建 .showbox{height:220rpx;display:flex;justify-content:space-around;margin-top:10rpx;}样式,设置元素的高度、盒子模型、外边距等属性;创建 .flow{display:block;width:200rpx;height:220rpx;}样式,设置元素的显示模式、宽度、高度等属性;创建 .txtflow{text-align:center;margin-top:-60rpx;display:block;background-color:rgba(252,210,74,0.685);width:100%;}样式,设置元素的文本居中、外边距、显示模式、背景色、宽度等属性。

room/index.wxss 代码如下:

```
1. .tit{
2.    background-color:rgb(252,210,74);
3.    width:100% ;
4.    margin:10rpx auto;
5.    padding-left:20rpx;
6. }
7. .showbox{
8.    height:220rpx;
9.    display:flex;
10.   justify-content:space-around;
11.   margin-top:10rpx;
12. }
13. .flow{
14.    display:block;
15.    width:200rpx;
16.    height:220rpx;
17. }
18. .txtflow{
19.    text-align:center;
```

```
20.    margin-top:-60rpx;
21.    display:block;
22.    background-color:rgba(252,210,74,0.685);
23.    width:100%;
24. }
```

【单元总结】

本单元通过多个小程序界面布局案例的实现过程,讲解了view、text、image等组件的基本应用技能。

本单元的案例,简化了案例实现的步骤描述,重点讲解.wxml和.wxss文件的代码编辑,实现预期效果。

【拓展练习】

【任务描述】

实现"景点展示"效果设计,如图2-20所示。

(1)请准备8张图片,代替图中图片实现展示。

(2)图片每行4张,标题在图像下方。

(3)设置适当的背景色。

(4)文本对齐于对应的图片。

【任务描述】

实现"售后跟单"效果设计,如图2-21所示。

(1)文本"售后跟单"左对齐,字体加粗。

(2)文本"更多"和小箭头图标右对齐。

(3)3项内容包括图标和文本,设置适当的高度、边距。

（4）设置适当的边框、底纹颜色等。

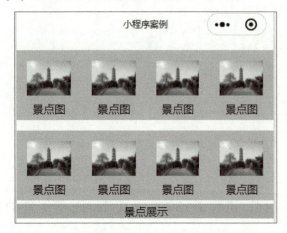

图 2-20 "景点展示"效果

图 2-21 "售后跟单"效果

拓展任务 3

【任务描述】

实现"商品展示"效果设计，如图 2-22 所示。

（1）"商品展示"文本居中对齐，设置适当的背景色。

（2）自行准备 6 样商品图像，分两行呈现。

（3）商品名称位于商品图下方，居中对齐，设置适当的背景色。

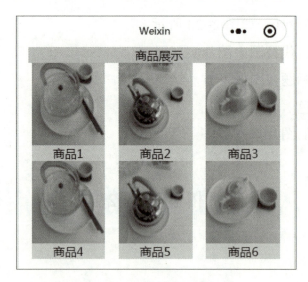

图 2-22 "商品展示"效果

PROJECT 3 单元 ③

JS入门基础

学习目标

本单元重点讲解 JS 编程，学习显示变量、产生随机数、显示数组元素、布尔型变量应用、随机显示数组元素、数字的运算、if 条件语句、元素旋转、控制元素弧形运动、switch 语句应用等任务。在案例中，讲解通过 .js 文件的代码编辑实现 WXML 页面效果的操作过程。

通过本单元的学习，学会 JS 入门操作，掌握变量的定义、事件的绑定、函数的定义、在页面上显示变量值等技能，熟练掌握在函数中应用语句实现变量值的更改的技能。

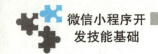

【知识概述】

在完成小程序页面布局的基础上，还需要实现小程序的前端逻辑功能，才能更好地适应小程序开发工作岗位的工作要求。在小程序开发逻辑实现方面，微信小程序兼容 JavaScript 语言，在本书中简称为 JS。在开始小程序 JS 学习时，首先需要了解微信小程序的 .js 文件的基本结构。

例1：变量的定义

```
data:{
    myData:0
}
```

在 .js 文件的 data 内可定义所需要的变量。

例2：函数的定义

```
add(){
    var vdata=this.data.myData;
    vdata++;
}
```

其中，add 是函数名称，花括号{}之间的代码可以编写实现函数功能所需要的代码。

完成变量和函数的定义之后，还要掌握在 .wxml 文件的标签上绑定事件。

例3：绑定事件

```
<button type="default"bindtap="add">+</button>
```

.wxml 文件中的命令<button type="default" bindtap="add">+</button>，在 button 标签上采用 bindtap 绑定事件 add，表示点击按钮时，会执行函数 add( )。

任务1 显示变量

【任务描述】

实现变量的计算与实时显示，效果如图 3-1 所示。

（1）定义变量。

（2）点击按钮，实现变量的增加或变量的减少。

（3）实时显示变量。

图3-1　变量的计算与实时显示效果

【操作步骤】

（1）打开 index.js 文件，定义变量 myData，初始值为 0；创建函数 add()，实现变量 myData 加 1 的功能，创建函数 minus()，实现变量 myData 减 1 的功能。

index.js 文件的参考代码如下：

```
1. Page({
2.    data:{
3.        myData:0
4.    },
5.    add(){
6.        var vdata=this.data.myData;
7.        vdata++;
8.        this.setData({
9.            myData:vdata
10.       })
11.   },
12.   minus(){
13.       var vdata=this.data.myData;
14.       vdata--;
15.       this.setData({
16.           myData:vdata
17.       })
18.   },
19. })
```

> **经验分享**
>
> ```
> this.setData({
>     myData:vdata
> })
> ```
> 这段代码可把变量 myData 重新渲染，用于刷新变量 myData 显示在页面的值。

（2）打开 index.wxml 文件，创建<button type="default" bindtap="add">+</button>按钮，点击时可执行函数 add()；创建<button type="default" bindtap="minus">-</button>按钮，点击时可执行函数 minus()；创建<view class="box">{{myData}}</view>标签，显示变量 myData 的值。

index.wxml 文件的参考代码如下：

```
1.<button type="default" bindtap="add">+</button>
2.<button type="default" bindtap="minus">-</button>
3.<view class="box">
4.    {{myData}}
5.</view>
```

> **经验分享**
>
> ```
> <view class="box">
> {{myData}}
> </view>
> ```
> 这段代码可将变量 myData 的值显示在页面。

（3）打开 index.wxss 文件，创建 .box{margin:0 auto;height:300rpx;line-height:300rpx;font-size:200rpx;text-align:center;margin:20rpx;}样式，设置元素的外边距、高度、行高、字体大小、文本对齐等属性。创建 button{margin:20rpx;}样式，设置元素的外边距属性。

index.wxss 文件的参考代码如下：

```
1..box{
2.    margin:0 auto;
3.    height:300rpx;
4.    line-height:300rpx;
5.    font-size:200rpx;
6.    text-align:center;
7.    margin:20rpx;
8.}
```

```
9.button{
10.    margin:20rpx;
11.}
```

任务2 产生随机数

【任务描述】

实现产生随机数的功能,效果如图 3-2 所示。

(1)点击按钮,产生一个 100 以内的随机数。

(2)实时显示产生的随机数。

图 3-2 产生随机数效果

【操作步骤】

(1)打开 index.js 文件,定义变量 num,初始值为 0;创建函数 torand(),执行 var t=Math.floor(Math.random()*100)产生一个 100 以内的随机数,赋给变量 t,执行 this.setData({num:t})更新 num 的值。

index.js 文件的参考代码如下:

```
1.Page({
2.    data:{
```

```
3.        num:0
4.    },
5.    torand(){
6.        var t=Math.floor(Math.random()*100)
7.        this.setData({
8.            num:t
9.        })
10.    }
11. })
```

📢 **经验分享**

Math.random()调用数学函数random()产生一个0至1之间的小数；Math.random()*100产生一个0至100之间的数，可能有小数；Math.floor()有去除参数小数点的效果。

（2）打开index.wxml文件，创建<view class="box">{{num}}</view>标签，显示变量num的值；创建<button type="default" bindtap="torand">随机出数字</button>按钮，点击时执行torand函数。

index.wxml文件的参考代码如下：

```
1. <view class="box">
2.     {{num}}
3. </view>
4. <button type="default" bindtap="torand">随机出数字</button>
```

（3）打开index.wxss文件，创建.box{height:500rpx;line-height:500rpx;text-align:center;font-size:200rpx;border:2px solid rgb(5,255,88);}样式，设置元素的高度、行高、文本居中、字体大小、边框等属性；创建button{margin-top:20rpx;}样式，设置元素的上外边距属性。

index.wxss文件的参考代码如下：

```
1. .box{
2.     height:500rpx;
3.     line-height:500rpx;
4.     text-align:center;
5.     font-size:200rpx;
6.     border:2px solid rgb(5,255,88);
7. }
8. button{
9.     margin-top:20rpx;
10. }
```

任务 3 显示数组元素

【任务描述】

实现随机显示"剪刀""石头""布"手势图片的功能，如图 3-3 所示。

（1）点击"重新开始"按钮时显示信息。

（2）点击"随机出"按钮时在页面上方随机显示"剪刀""石头""布"手势图片其中一张。

（3）显示"剪刀""石头""布"3 张手势图片。

【操作步骤】

（1）打开 index.js 文件。定义数组变量 t，存储字符串 t1.png、t2.png、t3.png 等；定义变量 pic，存储字符串 t1.png。创建函数 torand()，执行 var i = Math.floor(Math.random()*3)产生一个 3 以内的随机整数，赋值给变量 i；执行 var t = this.data.t 获取 data 定义的变量 t，赋值给函数内的变量 t。执行 this.setData({pic:t[i]})重新渲染变量 pic，实现更新页面显示变量 pic 最新值的效果。定义函数 reset()，执行 this.setData({pic:"ready.png"})渲染变量 pic。

图 3-3　随机显示"剪刀""石头""布"手势图片效果

index.js 文件的参考代码如下：

```
1.Page({
2.    data:{
3.        t:["t1.png","t2.png","t3.png"],
4.        pic:"t1.png"
5.    },
6.    torand(){
7.        var i=Math.floor(Math.random()*3)
8.        var t=this.data.t;
9.        this.setData({
```

```
10.             pic:t[i]
11.         })
12.     },
13.     reset(){
14.         this.setData({
15.             pic:"ready.png"
16.         })
17.     },
18. })
```

（2）打开 index.wxml 文件，创建 <view class="box"><image src="../../images/{{pic}}"></image></view> 标签，通过显示变量 pic 实现显示图片的效果；创建 <button type="default" bindtap="reset">重新开始</button>，点击时执行函数 reset 函数；创建 <button type="default" bindtap="torand">随机出</button> 按钮，点击时执行函数 torand 函数；创建 <view class="tools"><image src="../../images/{{t[0]}}"></image><image src="../../images/{{t[1]}}"></image><image src="../../images/{{t[2]}}"></image></view> 显示 3 张图。

index.wxml 文件的参考代码如下：

```
1. <view class="box">
2.     <image src="../../images/{{pic}}"></image>
3. </view>
4. <button type="default" bindtap="reset">重新开始</button>
5. <button type="default" bindtap="torand">随机出</button>
6. <view class="tools">
7.     <image src="../../images/{{t[0]}}"></image>
8.     <image src="../../images/{{t[1]}}"></image>
9.     <image src="../../images/{{t[2]}}"></image>
10. </view>
```

经验分享

当变量 t[0] 的值为 p1.png 时，组件 <image src="../../images/{{t[0]}}"></image> 可以显示 p1.png 图片。

（3）打开 index.wxss 文件，创建 .box{height:500rpx;text-align:center;border:2px solid rgb(5,255,88);align-items:center;} 样式，设置元素的高度、文本居中、边框、元素居中等属性。创建 .box image{width:300rpx;height:300rpx;margin-top:100rpx;} 样式，设置元素的宽度、高度、上外边距等属性。创建 button{margin-top:20rpx;} 样式，设置元素的上外边距属性。创建

.tools image{width:100rpx;height:100rpx;}样式，设置元素的宽度、高度等属性。

index.wxss 文件的参考代码如下：

```
1..box{
2.    height:500rpx;
3.    text-align:center;
4.    border:2px solid rgb(5,255,88);
5.    align-items:center;
6. }
7..box image{
8.    width:300rpx;
9.    height:300rpx;
10.   margin-top:100rpx;
11. }
12.button{
13.    margin-top:20rpx;
14. }
15..tools image{
16.    width:100rpx;
17.    height:100rpx;
18. }
```

任务 4　布尔型变量应用

【任务描述】

实现显示、隐藏的效果，如图 3-4 所示。

(1) 点击"隐藏"按钮时，图片隐藏。

(2) 点击"显示"按钮时，图片显示。

(3) 点击"切换"按钮时，图片在显示和隐藏两种状态之间切换。

【操作步骤】

(1) 打开 index.js 文件，定义变量 showis，初始化为 true；创建 toshow( ) 函数，设置变量 showis 为 true；创建 tohide( ) 函数，设置变量 showis 为 false；创建 totab( ) 函数，实现变量 showis 取反的功能。

图 3-4 显示、隐藏的效果

index.js 文件的参考代码如下：

```
1. Page({
2.    data:{
3.        showis:true
4.    },
5.    toshow(){
6.        this.setData({
7.            showis:true
8.        })
9.    },
10.   tohide(){
11.       this.setData({
12.           showis:false
13.       })
14.   },
15.   totab(){
16.       this.setData({
17.           showis:!this.data.showis
18.       })
19.   }
20. })
```

> **经验分享**
>
> 语句"showis:! this.data.showis"实现的功能是把变量 this.data.showis 值取反,再赋给变量 showis。

(2)打开 index.wxml 文件,创建"隐藏"按钮,绑定 bindtap 事件,执行 tohide 函数;创建"显示"按钮,绑定 bindtap 事件,执行 toshow 函数;创建"切换"按钮,绑定 bindtap 事件,执行 totab 函数;创建<image src="../../images/p1.jpg" style="display:{{showis?'block':'none'}}"></image>标签,用变量 showis 控制元素的显示与隐藏。

index.wxml 文件的参考代码如下:

```
1.<button type="default" bindtap="tohide">隐藏</button>
2.<button type="default" bindtap="toshow">显示</button>
3.<button type="default" bindtap="totab">切换</button>
4.<image src="../../images/p1.jpg" style="display:{{showis?'block':'none'}}"></image>
```

> **经验分享**
>
> "style="display:{{showis?'block':'none'}}""可以理解为:当变量 showis 为 true 时,style="display:block";当变量 showis 为 flase 时,style="display:none"。

(3)打开 index.wxss 文件,创建 button{margin:20rpx;}样式,设置元素的外边距属性。

index.wxss 文件的参考代码如下:

```
1.button{
2.    margin:20rpx;
3.}
```

任务5 随机显示数组元素

【任务描述】

实现显示红包数字的效果,如图 3-5 所示。

图 3-5 显示红包数字的效果

（1）红包金额预存于数组。

（2）随机抽取数组中预存的红包金额。

（3）实现红包金额的动画。

【操作步骤】

（1）打开 index.js 文件，定义数组变量 mon，储存一系列的金额数值；定义变量 on-off，初始化值为 true；定义变量 i，初始化值为 0；创建 tomoney( ) 函数，实现随机显示红包金额的功能。

index.js 文件的参考代码如下：

```
1. Page({
2.     data:{
3.         mon:['0.00','0.28','8.88','666','99','250','888','777'],
4.         onoff:true,
5.         i:0
6.     },
7.     tomoney(){
8.         var mon=this.data.mon;
9.         var onoff=this.data.onoff;
10.        this.setData({
11.            onoff:true
12.        })
13.        var i;
14.        var that=this;
15.        var timer=null;
16.        var onoff;
17.        timer=setInterval(function(){
```

```
18.            onoff=that.data.onoff;
19.            i=Math.floor(Math.random()*mon.length);
20.            that.setData({
21.                i:i
22.            })
23.            if(!onoff)clearInterval(timer);
24.        },10);
25.    },
26.    tostop(){
27.        this.setData({
28.            onoff:false
29.        })
30.    }
31. })
```

> **经验分享**
>
> setInterval(function(){},10)命令产生一个计时器,每10毫秒执行一次。
>
> timer=setInterval(function(){},10)表示计时器记录在变量timer。当执行clearInterval(timer)时,计时器停止。

(2)打开 index.wxml 文件,创建<view style="text-align:center;position:relative;"></view>标签,布局红包显示区域;创建<image src="../../images/money.png"></image>标签,显示红包图像;创建<text>{{mon[i]}}</text>标签,显示红包金额;创建"开始"按钮,绑定 bindtap 事件,执行 tomoney 函数;创建"停止"按钮,绑定 bindtap 事件,执行 tostop 函数。

index.wxml 文件的参考代码如下:

```
1. <view style="text-align:center;position:relative;">
2.     <image src="../../images/money.png"></image>
3.     <text>{{mon[i]}}</text>
4. </view>
5. <button type="default" bindtap="tomoney">开始</button>
6. <button type="default" bindtap="tostop">停止</button>
```

(3)打开 index.wxss 文件,创建 button{margin:20rpx;}样式,设置元素的外边距属性。创建 image{width:400rpx;height:600rpx;}样式,设置元素的宽度、高度属性。创建 text{position:relative;display:block;top:-300rpx;font-size:100rpx;color:yellow;}样式,设置元素的定位方式、显示模式、上边距、字体大小等属性。

index.wxss 文件的参考代码如下:

```
1. button{
2.     margin:20rpx;
3. }
4. image{
5.     width:400rpx;
6.     height:600rpx;
7. }
8. text{
9.     position:relative;
10.    display:block;
11.    top:-300rpx;
12.    font-size:100rpx;
13.    color:yellow;
14. }
```

任务 6　数字的运算

【任务描述】

设计一个简易的加减计算器，效果如图 3-6 所示。

【操作步骤】

（1）打开 index.js 文件，定义变量 a，初始化值为 100；定义变量 b，初始化值为 50；定义变量 s，初始化值为 0；创建 Achange(e) 函数，实现获取参数 e 的值，更改变量 a 的值的功能；创建 Bchange(e) 函数，实现获取参数 e 的值，更改变量 b 的值的功能；创建 add() 函数，实现获取 a、b 的值，执行 Number(a)+Number(b)，把 a、b 的值都转换为数值再相加求和，将两数和赋值给变量 s 的功能；创建 minus() 函数，实现获取 a、b 的值，执行 Number(a)-Number(b)，将两数差赋值给变量 s 的功能。

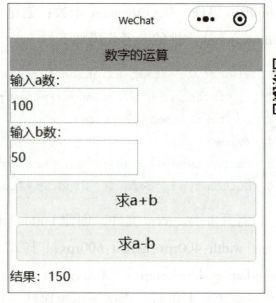

图 3-6　简易的加减计算器效果

操作视频

index.js 文件的参考代码如下：

```
1. Page({
2.     data:{
3.         a:100,
4.         b:50,
5.         s:0
6.     },
7.     Achange:function(e){
8.         var value=e.detail.value;
9.         this.setData({
10.            a:value,
11.        });
12.    },
13.    Bchange:function(e){
14.        var value=e.detail.value;
15.        this.setData({
16.            b:value,
17.        });
18.    },
19.    add:function(){
20.        var a=this.data.a;
21.        var b=this.data.b;
22.        var s=Number(a)+Number(b);
23.        this.setData({
24.            s:s
25.        });
26.    },
27.    minus:function(){
28.        var a=this.data.a;
29.        var b=this.data.b;
30.        var s=Number(a)-Number(b);
31.        this.setData({
32.            s:s
33.        });
34.    }
35. })
```

经验分享

```
Achange:function(e){
var value=e.detail.value;
}
```

以上代码中，获取参数 e 的值，可使用 e.detail.value。若不知道 e 是什么值，可以执行 console.log(e) 在 Console 窗口查看。

第 22 行、第 30 行代码中，Number(a) 把变量 a 转换为数值型。

(2) 打开 index.wxml 文件，创建 <view class="title">数字的运算</view> 标签，显示文本信息；创建 <input value="{{a}}" bindchange="Achange"></input> 输入框，默认值为 a，绑定 bindchange 事件，执行 Achange 函数；创建 <input value="{{b}}" bindchange="Bchange"></input> 输入框，默认值为 b，绑定 bindchange 事件，执行 Bchange 函数；创建 <button bindtap="add">求 a+b</button> 按钮，绑定 bindtap 事件，执行 add 函数；创建 <button bindtap="minus">求 a-b</button> 按钮，绑定 bindtap 事件，执行 minus 函数；创建 <view>结果：{{s}}</view> 标签，显示变量 s 的值。

index.wxml 文件的参考代码如下：

```
1.<view class="title">数字的运算</view>
2.   输入a数：
3.      <input value="{{a}}" bindchange="Achange"></input>
4.   输入b数：
5.      <input value="{{b}}" bindchange="Bchange"></input>
6.      <button bindtap="add">求 a+b</button>
7.      <button bindtap="minus">求 a-b</button>
8.<view>结果：{{s}}</view>
```

(3) 打开 index.wxss 文件，创建 .title{text-align:center;background-color:rgb(192,187,187);height:100rpx;line-height:100rpx;} 样式，设置元素的文本居中、背景颜色、高度、行高等属性。创建 input{border：1rpx solid rgb(218,213,213);width:50%;height:100rpx;} 样式，设置元素的边框、宽度、高度等属性。创建 text{position:relative;display:block;top:-300rpx;font-size:100rpx;color:yellow;} 样式，设置元素的定位方式、显示模式、上边距、字体大小等属性；创建 button{margin:20rpx;} 样式，设置元素的外边距属性。

index.wxss 文件的参考代码如下：

```
1..title{
2.   text-align:center;
3.   background-color:rgb(192,187,187);
4.   height:100rpx;
5.   line-height:100rpx;
6.}
7.input{
8.   border:1rpx solid rgb(218,213,213);
```

```
9.      width:50% ;
10.     height:100rpx;
11. }
12. button{
13.     margin:20rpx;
14. }
```

任务 7 if 条件语句

【任务描述】

设计两数相除的功能，效果如图 3-7 所示。

（1）可输入除数和被除数。

（2）单击"商是多少?"按钮，提示商的值。

（3）单击"余数是多少?"按钮，提示余数的值。

图 3-7 两数相除效果

【操作步骤】

（1）打开 index.js 文件，定义变量 a，初始化值为 13；定义变量 b，初始化值为 5；创建 Achange(e) 函数，实现功能获取参数 e 值，更改变量 a 的值的功能；创建 Bchange(e) 函数，实现获取参数 e 的值，更改变量 b 的值的功能；创建 run() 函数，获取 a、b 的值，当 if 语句判断 optemp 的值为 '/' 时，求两数的商，否则求两数的相除的余数，运行结果用 wx.showToast 提示。

index.js 文件的参考代码如下：

```
1. Page({
2.    data:{
3.        a:13,
4.        b:5
5.    },
6.    Achange:function(e){
```

```
7.        var value=e.detail.value;
8.        this.setData({
9.            a:value,
10.       });
11.    },
12.    Bchange:function(e){
13.        var value=e.detail.value;
14.        this.setData({
15.            b:value,
16.       });
17.    },
18.    run:function(op){
19.        var a=this.data.a;
20.        var b=this.data.b;
21.        var s;
22.        var optemp=op.currentTarget.dataset.op;
23.        if(optemp=='/'){
24.            s=Number(a)/Number(b);
25.            s="商等于"+s;
26.        }else{
27.            s=Number(a)%Number(b);
28.            s="余数等于"+s;
29.        }
30.        wx.showToast({
31.            title:s,
32.            icon:'succes',
33.            duration:1000,
34.            mask:true
35.        })
36.    }
37. })
```

经验分享

语句 if(optemp=='/') 表示执行条件是变量 optemp 等于'/'。注意不能写成 if(optemp='/')。

（2）打开 index.wxml 文件，创建<view class="title">除法运算</view>标签，显示文本信息；创建<input value="{{a}}" bindchange="Achange"></input>输入框，默认值为 a，绑定 bindchange 事件，执行 Achange 函数；创建<input value="{{b}}" bindchange="Bchange">

</input>输入框,默认值为 b,绑定 bindchange 事件,执行 Bchange 函数;创建<button bindtap="run" data-op="/">商是多少?</button>按钮,设置参数 op="/",绑定 bindtap 事件,执行 run 函数;创建<button bindtap="run" data-op="%">余数是多少?</button>按钮,设置参数 op="%",绑定 bindtap 事件,执行 run 函数。

index.wxml 文件的参考代码如下:

```
1. <view class="title">除法运算</view>
2.    输入被除数:
3.        <input value="{{a}}" bindchange="Achange"></input>
4.    输入除数:
5.        <input value="{{b}}" bindchange="Bchange"></input>
6.        <button bindtap="run" data-op="/">商是多少?</button>
7.        <button bindtap="run" data-op="%">余数是多少?</button>
```

(3)打开 index.wxss 文件,创建 .title{text-align:center;background-color:rgb(192,187,187);height:100rpx;line-height:100rpx;}样式,设置元素的文本居中、背景颜色、高度、行高等属性;创建 input{border:1rpx solid rgb(218,213,213);width:50%;height:100rpx;} 样式,设置元素的边框、宽度、高度等属性。创建 button{margin:20rpx;} 样式,设置元素的外边距属性。

index.wxss 文件的参考代码如下:

```
1. .title{
2.     text-align:center;
3.     background-color:rgb(192,187,187);
4.     height:100rpx;
5.     line-height:100rpx;
6. }
7. input{
8.     border:1rpx solid rgb(218,213,213);
9.     width:50%;
10.    height:100rpx;
11. }
12. button{
13.     margin:20rpx;
14. }
```

任务 8　元素旋转

【任务描述】

实现演示元素旋转的功能，如图 3-8 所示。

（1）点击"转动"按钮，正方形元素顺时针转动。

（2）点击"还原"按钮，正方形元素还原到转动前的状态。

【操作步骤】

（1）打开 index.js 文件，定义变量 i、x、y，初始化值均为 0；创建 turn( ) 函数，实现 i 的值增加 10 的功能；创建 reset( ) 函数，实现 i 的值为 0 的功能。

index.js 文件的参考代码如下：

图 3-8　演示元素旋转效果

```
1. Page({
2.     data:{
3.         i:0,
4.         x:"0",
5.         y:"0"
6.     },
7.     turn(){
8.         var i=this.data.i;
9.         i=i+10;
10.        this.setData({
11.            i:i
12.        })
13.    },
14.    reset(){
15.        this.setData({
16.            i:0
17.        })
18.    }
19. })
```

(2) 打开 index.wxml 文件，创建<view class="box"></view>标签，在<view class="box"></view>标签中创建<view id="goods" style="transform:rotate({{i}}deg);transform-origin:{{x}}%{{y}}%;"><icon></icon></view>，设置元素旋转度数为 i，旋转中心点为 x 和 y 变量控制；创建<button bindtap="turn">转动</button>按钮，绑定 bindtap 事件，执行 turn 函数；创建<button bindtap="reset">还原</button>按钮，绑定 bindtap 事件，执行 reset 函数。

index.wxml 文件的参考代码如下：

```
1. <view class="box">
2.     <view id="goods" style="transform: rotate({{i}}deg); transform-origin: {{x}}% {{y}}% ;">
3.         <icon></icon>
4.     </view>
5. </view>
6. <button  bindtap="turn">转动</button>
7. <button  bindtap="reset">还原</button>
```

> **经验分享**
>
> transform:rotate({{i}}deg)表示元素旋转的度数为变量 i 决定。
>
> transform-origin:{{x}}%{{y}}%表示元素旋转的中心由变量 x 与 y 决定。注意：旋转的中心不一定处于元素的中心。

(3) 打开 index.wxss 文件，创建 .box{margin:0 auto;height:600rpx;background-color:rgb(129,125,125);}样式，设置元素的外边距、高度、背景颜色等属性；创建#goods{position:absolute;width:200rpx;height:200rpx;background-color:yellow;top:300rpx;left:300rpx;}样式，设置元素的定位方式、宽度、高度、背景色、上边距、左边距等属性；创建 button{margin:20rpx;}样式，设置元素的外边距属性；创建 icon{width:10rpx;height:10rpx;background-color:red;position:absolute;top:0%;left:0%;border-radius:100%;}样式，设置元素的宽度、高度、背景色、定位方式、上边距、左边距、边框圆角等属性。

index.wxss 文件的参考代码如下：

```
1. .box{
2.     margin:0 auto;
3.     height:600rpx;
4.     background-color:rgb(129,125,125);
5. }
6. #goods{
7.     position:absolute;
8.     width:200rpx;
9.     height:200rpx;
```

```
10.    background-color:yellow;
11.    top:300rpx;
12.    left:300rpx;
13. }
14. button{
15.    margin-top:20rpx;
16. }
17. icon{
18.    width:10rpx;
19.    height:10rpx;
20.    background-color:red;
21.    position:absolute;
22.    top:0% ;
23.    left:0% ;
24.    border-radius:100% ;
25. }
```

任务9　控制元素弧形运动

【任务描述】

实现月亮图片进行弧形运动的动画效果，如图3-9所示。

【操作步骤】

（1）打开 index.js 文件，定义变量 i、x、y，i 的值初始化为 0，x 的值初始化为 400，y 的值初始化为 300；创建 turn() 函数，实现 i 的值增加 10 的功能；创建 return() 函数，实现 i 的值为 0 的功能。

index.js 文件的参考代码如下：

图 3-9　弧形运动的动画效果

```
1. Page({
2.     data:{
3.         i:0,
4.         x:"400",
5.         y:"300"
6.     },
7.     turn(){
8.         var i=this.data.i;
9.         i=i+10;
10.        this.setData({
11.            i:i
12.        })
13.    },
14.    return(){
15.        this.setData({
16.            i:0
17.        })
18.    }
19. })
```

（2）打开 index.wxml 文件，创建<view class="box"></view>标签，在<view class="box"></view>标签中创建<view id="goods" style="transform:rotate({{i}}deg);transform-origin:{{x}}%{{y}}%;"><icon></icon></view>，设置元素旋转度数为 i，旋转中心为 x 和 y 控制；创建<button bindtap="turn">转动</button>按钮，绑定 bindtap 事件，执行 turn 函数；创建<button bindtap="reset">还原</button>按钮，绑定 bindtap 事件，执行 reset 函数。

index.wxml 文件的参考代码如下：

```
1. <view class="box" >
2.     <image src="../../images/moon.png" style="transform:rotate({{i}}deg);transform-origin:{{x}}% {{y}}% ;">
3.     </image>
4. </view>
5. <button  bindtap="turn">运动</button>
6. <button  bindtap="return">还原</button>
```

经验分享

在语句<image src="../../images/moon.png" style="transform:rotate({{i}}deg);transform-origin:{{x}}%{{y}}%;">中，通过设置的 x 与 y 变量的值，可以把元素旋转的中心设置在元素的外面。形成月升月落的效果。

（3）打开 index.wxss 文件，创建 .box{margin:0 auto;height:600rpx;background-color:rgb(129,125,125);} 样式，设置元素的外边距、高度、背景颜色等属性。创建 .box image{position:absolute;width:100rpx;height:100rpx;top:200rpx;left:0;} 样式，设置元素的定位方式、宽度、高度、上边距、左边距等属性；

创建 button{margin:20rpx;} 样式，设置元素的外边距属性。

index.wxss 文件的参考代码如下：

```
1. .box{
2.     margin:0 auto;
3.     height:600rpx;
4.     background-color:rgb(129,125,125);
5. }
6. .box image{
7.     position:absolute;
8.     width:100rpx;
9.     height:100rpx;
10.    top:200rpx;
11.    left:0;
12. }
13. button{
14.    margin-top:20rpx;
15. }
```

任务 10　switch 语句应用

【任务描述】

设计顶部选项卡，实现图片滑动的浏览效果，如图 3-10 所示。

【操作步骤】

（1）打开 index.js 文件，定义变量 i、ra、x、y，i 的值初始化为 0，ra 的值初始化为 0.2，x 的值初始化为 400，y 的值初始化为 300；创建 turn() 函数，实现随着月亮图片

图 3-10　图片滑动效果

的运动,根据旋转的度数,设置不同的 ra 值,ra 值用于在 index.wxml 中设置背景图的透明度,从而产生昼夜变化的效果。

index.js 文件的参考代码如下:

```
1. Page({
2.     data:{
3.         i:0,
4.         ra:0.2,
5.         x:"400",
6.         y:"300"
7.     },
8.     turn(){
9.         var i=this.data.i;
10.         var ra=this.data.ra;
11.         var that=this;
12.         setInterval(function(){
13.             i++;
14.             if(i==360)i=0;
15.             switch(i){
16.                 case 15:
17.                     ra=0.4
18.                     break;
19.                 case 30:
20.                     ra=0.5
21.                     break;
22.                 case 45:
23.                     ra=0.7
24.                     break;
25.                 case 60:
26.                     ra=0.5
27.                     break;
28.                 case 75:
29.                     ra=0.4
30.                     break;
31.                 case 90:
32.                     ra=0.2
33.                     break;
34.             }
35.             that.setData({
36.                 i:i,
37.                 ra:ra
```

```
38.            })
39.        },50);
40.    }
41.})
```

> 📢 **经验分享**
>
> ```
> switch(i){
> case 15:
>     ra=0.4
>     break;
> case 30:
> ```
> 以上语句表示当 i 的值为 15 时，执行 ra=0.4 和 break。break 的作用是结束 switch 循环，不再执行后面"case 30:"下的所有语句。

（2）打开 index.wxml 文件，创建<view class="box"></view>标签，在<view class="box"></view>标签中，创建<view hidden="{{flag?true:false}}">{{i}} </view>，元素显示 i 的值，设置元素隐藏或显示状态由变量 flag 的值控制，创建<image class="bc" src="../../images/bc.png"></image>标签，显示图像文件 bc.png；创建<view id="mark" style=" background-color:rgba(6,6,6,{{ra}});"> </view>标签，设置背景色的透明度由变量 ra 控制；创建<image class="moon" src="../../images/moon.png" style=" transform:rotate({{i}}deg);transform-origin:{{x}}%{{y}}%;"></image>标签，显示图像 moon.png，设置元素旋转度数为变量 i，旋转中心由 x 和 y 控制；创建 <button bindtap="turn">开始</button>按钮，绑定 bindtap 事件，执行 turn 函数。

index.wxml 文件的参考代码如下：

```
1.<view class="box" >
2.     <view hidden="{{flag ? true:false}}">{{i}} </view>
3.        <image  class="bc" src="../../images/bc.png"></image>
4.        <view id="mark" style=" background-color:rgba(6,6,6,{{ra}});"> </view>
5.        <image class="moon" src="../../images/moon.png" style="transform:rotate({{i}}deg);transform-origin:{{x}}% {{y}}% ;">
6.        </image>
7.     </view>
8.<button  bindtap="turn">开始</button>
```

（3）打开 index.wxss 文件，创建 .box{margin:0 auto;height:600rpx;height:500rpx;position:relative;}样式，设置元素的外边距、高度、定位方式等属性。创建 .bc{height:400rpx;}样式，设置元素的高度属性；创建 .box #mark{width:100%;height:100%;top:0;left:0;position:

absolute;z-index:999;}样式，设置宽度、高度、上边距、左边距、定位方式、层叠次序等属性。创建.box.moon{position:absolute;width:100rpx;height:100rpx;top:200rpx;left:0;}，设置定位方式、宽度、高度、上边距、左边距等属性。创建button{margin-top:20rpx;}样式，设置元素的外边距属性。

index.wxss文件的参考代码如下：

```
1. .box{
2.     margin:0 auto;
3.     height:600rpx;
4.     height:500rpx;
5.     position:relative;
6. }
7. .bc{
8.     height:400rpx;
9. }
10. .box #mark{
11.     width:100%;
12.     height:100%;
13.     top:0;
14.     left:0;
15.     position:absolute;
16.     z-index:999;
17. }
18. .box.moon{
19.     position:absolute;
20.     width:100rpx;
21.     height:100rpx;
22.     top:200rpx;
23.     left:0;
24. }
25. button{
26.     margin-top:20rpx;
27. }
```

【单元总结】

本单元在任务实现过程中，介绍了JS的编程，讲解了数字、字符、数组、布尔值等数据类型的变量的应用，讲解了if语句、switch语句等基础语法的应用，讲解了随机数、数字的运算、变量定义、变量绑定、事件绑定、函数定义、事件运行条件等技能。

【拓展练习】

拓展任务 1

【任务描述】

实现控制元素大小的功能，效果如图 3-11 所示。

（1）点击"元素变大"按钮时，正方形变大。

（2）点击"元素变小"按钮时，正方形变小。

拓展任务 2

【任务描述】

实现控制两个图交换的功能，效果如图 3-12 所示。

（1）定义变量，记录图片文件名。

（2）在页面上显示图片。

（3）执行"交换"，左图变为右图，右图变为左图。

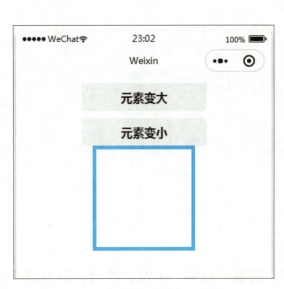

图 3-11　控制元素大小效果

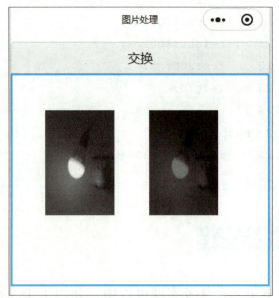

图 3-12　两个图交换效果

PROJECT 4　单元 ④

JS应用提升

学习目标

通过本单元的学习，熟悉微信小程序JS编程的基本设计过程，掌握时间函数、计时器、数组变量等应用，学会显示实时时间、秒表、跑马灯广告、折叠显示、用户管理、顶部选项卡、图片浏览、人员增删、弹窗显示信息、购物车数量、点击查看大图等常见的程序功能的设计技能，在任务的引导下，巩固并提高JS程序设计基础技能。

【知识概述】

在掌握小程序的 JS 入门基础之后，还需要见识更多的程序功能，这对提高 JS 应用技能有很多的帮忙。在本单元的任务中，将讲述日期函数、计时器、onLoad 函数等基本应用，实现系统时间获取、常见动画、元素增删、数组变量应用等功能。在开展本单元任务的学习之前，需要理解一些 JS 相关的知识。

例1：onLoad 函数

```
onLoad:function(options){
    console.log(options);
}
```

函数名称 onLoad，函数的参数 options，在函数的花括号{}之间，常用 console.log() 把可能用到的变量输出到 Console 窗口，以便更好地查看变量变化的值。

例2：函数的定义

```
var  vtimer=setInterval(function(){
},10)
```

该语句表示应用 setInterval 创建计时器，计时器启动后，每 10 毫秒执行一次花括号{}之间的代码。

可应用 clearInterval(timer) 实现计时器停止。

在本单元的任务中，还需要应用页面的渲染、数组管理等技能。

任务 1　显示实时时间

【任务描述】

启动小程序时，动态实时显示当前时间，如图 4-1 所示。

(1) 获取系统时间。

(2) 动态显示当前时间。

图 4-1　显示实时时间效果

【操作步骤】

（1）打开 index.js 文件，定义变量 mytime，初始化为空字符串，如图 4-2 所示。

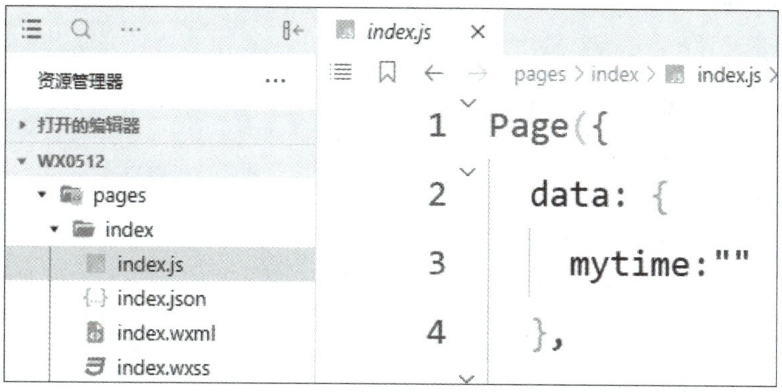

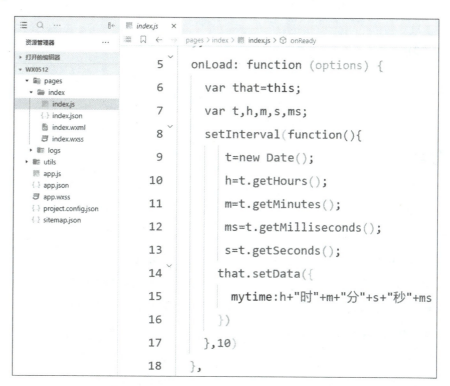

图 4-2

（2）在 index.js 文件的 onLoad 函数中，应用 setInterval 函数实现实时显示当前时间的功能，如图 4-3 所示。

图 4-3　实现实时显示当前时间的功能

> **经验分享**
>
> onLoad 函数在页面加载完成时触发执行。
>
> 在小程序中，还有 onShow、onReady 等函数。这些函数调用顺序为 onLoad＞onShow＞onReady。

index.js 文件的参考代码如下：

```
1. Page({
2.     data:{
3.         mytime:""
4.     },
5.     onLoad:function(options){
6.         var that=this;
7.         var t,h,m,s,ms;
8.         setInterval(function(){
9.             t=new Date();
10.            h=t.getHours();
11.            m=t.getMinutes();
12.            ms=t.getMilliseconds();
13.            s=t.getSeconds();
14.            that.setData({
15.                mytime:h+"时"+m+"分"+s+"秒"+ms
16.            })
17.        },10)
18.    },
19. })
```

经验分享

```
var that=this;                              //this 赋值给变量 that
var t,h,m,s,ms;                             //定义 t、h、m、s、ms 等变量
setInterval(function(){                     //启用计时器执行函数
    t=new Date();                           //获取最新的时间
    h=t.getHours();                         //获取时间的小时数
    m=t.getMinutes();                       //获取时间的分钟数
    ms=t.getMilliseconds();                 //获取时间的毫秒数
    s=t.getSeconds();                       //获取时间的秒数
    that.setData({                          //重新渲染变量
        mytime:h+"时"+m+"分"+s+"秒"+ms     //重新渲染变量 mytime
    })
},10)                                       //每 10 毫秒执行一次
```

（3）打开 index.wxml 文件，在 view 中显示变量 mytime 的值，如图 4-4 所示。

图 4-4

任务 2　秒　表

【任务描述】

实现一个简易的秒表功能，如图 4-5 所示。

图 4-5　简易的秒表功能效果

（1）点击"开始"按钮时，开始秒表计时。
（2）点击"停止"按钮时，停止秒表计时。

【操作步骤】

（1）打开 index.js 文件，定义变量 s 和 m，初始值均为 0；定义变量 working，初始化为 false，如图 4-6 所示。

> **经验分享**
>
> 在 .js 文件中定义变量时，可以把变量写在 data:{} 的花括号{}中，每个变量之间用逗号","分隔，注意必须用英文逗号。

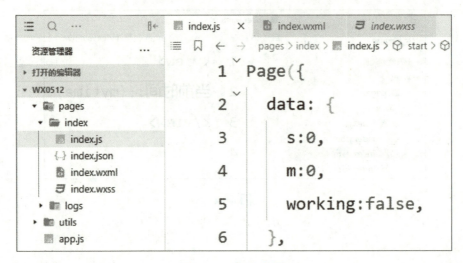

图 4-6 定义变量

(2) 在 index.js 文件中，定义 start 函数，实现开始计时功能；定义 stop 函数，实现停止计时功能。

index.js 文件的参考代码如下：

```
1. Page({
2.    data:{
3.       s:0,
4.       m:0,
5.       working:false
6.    },
7.    stop:function(){
8.       var working=this.data.working;
9.       this.setData({
10.          working:!working
11.       })
12.   },
13.   start:function(){
14.      var that=this;
15.      var timer=null;
16.      var s=this.data.s;
17.      var m=this.data.m;
18.      if(!that.data.working){
19.         timer=setInterval(function(){
20.            s++;
21.            if(s==100){
22.               s=0;
23.               m++;
24.            }
25.            if(that.data.working){
```

```
26.                    clearInterval(timer);
27.                    that.setData({
28.                        working:false,
29.                    });
30.                }
31.                that.setData({
32.                    s:s,
33.                    m:m
34.                })
35.            },10)
36.        }
37.    },
38.})
```

经验分享

```
data:{
    working:false                    //定义布尔型变量working,初始化为false
}
var timer=null;                      //定义的变量timer,初始化为空值,null表示空值
var m=this.data.m;                   //获取页面定义的变量m的值,存储于新建的变量m中
timer=setInterval(function(){        //变量timer存储计时器
    s++;                             //s增加1
    if(s==60){                       //当s的值等于60时
        s=0;                         //设置s的值为0
        m++;                         //m增加1
    }
    that.setData({                   //重新渲染页面显示s和m的值
        s:s,
        m:m
    })
},10)                                //每10毫秒执行一次
clearInterval(timer);                //清除计时器
```

（3）打开 index.wxml 文件，在 view 中显示变量 m 和 s 的值；创建<button bindtap="start">开始</button>组件，用 bindtap 绑定事件执行 start 函数；创建<button bindtap="stop">停止</button>组件，用 bindtap 绑定事件执行 stop 函数，如图 4-7 所示。

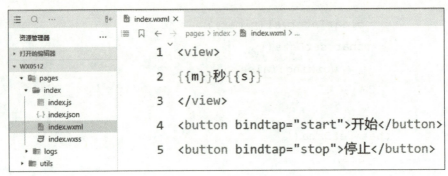

图 4-7 定义变量和组件

任务 3 跑马灯广告

【任务描述】

实现一个跑马灯广告功能，如图 4-8 所示。
(1) 设置一个广告内容框，显示需要的广告内容。
(2) 广告内容重复从右向左移动的动画。

图 4-8 跑马灯广告功能效果

【操作步骤】

(1) 在 index.wxml 文件中，设置<view id="adv" style="top：100rpx；left：{{vleft}}vw；">标签，标签内显示文本"广告内容 从右向左"，如图 4-9 所示。

操作视频

图 4-9 显示文本"广告内容 从右向左"

经验分享

设置<view id="adv">元素的 style 时，通过 left：{{vleft}}vw 语句实现用变量 vleft 控制标签的左边距。当 vleft 变量增大时，元素向右移动；当 vleft 变量减少时，元素向左移动。

（2）在 index.wxss 文件中，设置#adv{width:25vw;height:100rpx;border:1px solid red;text-align:center;position:relative;}样式属性，如图 4-10 所示。

图 4-10　设置样式属性

（3）在 index.js 文件中，定义变量 vtop 和 vleft，初始值均为 0；在 onLoad 函数中，应用 setInterval 函数，每 100 毫秒，变量 vf 减少 2，将 vf 的值赋给 vleft，重新渲染页面上的 vleft 值。index.js 文件的参考代码如下：

```
1. Page({
2.     data:{
3.         vtop:0,
4.         vleft:0
5.     },
6.     onLoad:function(){
7.         var that=this;
8.         var timer;
9.         setInterval(function(){
10.            var vf=that.data.vleft;
11.            vf=vf-2;
12.            if((vf+25)<0){
13.                vf=100;
14.            }
15.            that.setData({
16.                vleft:vf
17.            })
18.        },100)
19.    },
20. })
```

任务 4　折叠显示

【任务描述】

实现折叠显示的功能，折叠前、后效果如图 4-11、图 4-12 所示。

（1）点击"查看"栏，显示图片，"查看"右侧的图标旋转 180 度。

（2）再点击"查看"栏，隐藏图片，"查看"右侧的图标旋转 180 度。

图 4-11　折叠前效果

图 4-12　折叠后效果

【操作步骤】

（1）在 index.js 文件中，定义变量 tran，初始值均为 false；创建 drop 函数，实现变量 tran 取反值的功能。

操作视频

index.js 文件的参考代码如下：

```
1. Page({
2.    data:{
3.        tran:false
4.    },
5.    drop:function(){
6.        this.setData({
7.            tran:!this.data.tran
```

```
 8.        })
 9.    }
10. })
```

（2）在 index.wxml 文件中，创建 `<view class="box"></view>` 标签，在标签中创建 `<view class="tit" catchtap="drop"></view>` 标签，标签内创建一个 `<view>` 标签显示"查看"文本，创建一个 `<image>` 标签显示 arrow.png 图像文件，设置 class="timg{{tran?'timgtran':''}}"；创建 `<view wx-if="{{tran}}"></view>`，在标签内创建一个 `<image>` 标签，显示图像文件 tt.jpg。

index.wxml 文件的参考代码如下：

```
 1. 折叠显示
 2. <view class="box">
 3.     <view class="tit" catchtap="drop">
 4.         <text>查看</text>
 5.         <image src="../../images/arrow.png" class="timg{{tran? 'timgtran':''}}"></image>
 6.     </view>
 7.     <view wx-if="{{tran}}">
 8.         <image src="../../images/tt.jpg"></image>
 9.     </view>
10. </view>
```

> **经验分享**
>
> 语句 `<view wx-if="{{tran}}">` 表示当变量 tran 为 true 时，元素显示，否则不显示。

（3）在 index.wxss 文件中，创建 .tit{border:1px solid red;width:99%;height:60rpx;display:flex;} 样式，设置元素的边框、宽度、高度、显示模式等属性；创建 .tit text{flex:1;} 样式，设置元素的 flex 属性为 1；创建 .timg{width:60rpx;height:60rpx;transition:transform 0.2s;} 样式，设置元素的宽度、高度、过渡等属性；创建 .timgtran{transform:rotate(180deg);} 样式，设置元素的旋转角度。

index.wxss 文件的参考代码如下：

```
1. .tit{
2.     border:1px solid red;
3.     width:99% ;
4.     height:60rpx;
5.     display:flex;
6. }
7. .tit text{
```

```
8.     flex:1;
9. }
10. .timg{
11.    width:60rpx;
12.    vheight:60rpx;
13.    transition:transform 0.2s;
14. }
15. .timgtran{
16.    transform:rotate(180deg);
17. }
```

任务 5　用户管理

【任务描述】

显示用户列表，实现统计会员人数的功能，如图 4-13 所示。

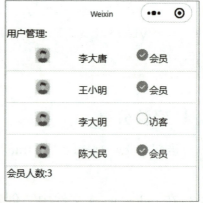

图 4-13　统计会员人数功能效果

【操作步骤】

（1）在 index.wxml 文件中，创建 <view wx:for="{{arr}}" wx:key="index" wx:for-item="it"> 标签，应用 wx:for 列表渲染，数值来自数组 arr 变量，每行显示会员头像、姓名、会员身份。头像由 <image src="../../images/header.jpg" class="timg"></image> 标签实现，姓名由 <text>{{it.tname}}</text> 标签实现，会员身份图标由 <icon wx:if="{{it.status}}" class="icon-small" type="success" size="23"></icon> 和 <icon wx:if="{{!it.status}}" type="circle" size="23"></icon> 实现，会员身份名称由 <label wx:if="{{it.status}}">会员</label> 和 <label wx:if="{{!it.status}}">访客</label> 标签实现。

index.wxml 文件的参考代码如下：

```
1. 用户管理：
2. <view wx:for="{{arr}}" wx:key="index" wx:for-item="it">
3.     <view class="row">
4.         <image src="../../images/header.jpg" class="timg"></image>
5.         <text>{{it.tname}}</text>
```

6.　　　　<label class="radio" bindtap="run" data-id="{{index}}" >
7.　　　　　　<icon wx:if="{{it.status}}"　class="icon-small" type="success" size="23"></icon>
8.　　　　　　<label wx:if="{{it.status}}">会员</label>
9.　　　　　　<icon wx:if="{{! it.status}}" type="circle" size="23"></icon>
10.　　　　　　<label wx:if="{{! it.status}}">访客</label>
11.　　　　</label>
12.　　</view>
13. </view>
14. <view bindtap="run">会员人数:{{count}}</view>

（2）在 index.wxss 文件中，设置 .row{height:100rpx;border-bottom:1rpx solid rgb(233,229,229);margin-top:25rpx;line-height:100rpx;display:flex;justify-content:space-evenly;} 样式，设置元素的高度、下边框、上外边距、行高、盒子模型等属性；创建 .timg{width:60rpx;height:60rpx;margin-top:10rpx;} 样式，设置元素的宽度、高度、上外边距等属性；创建 .row text{height:100rpx;line-height:100rpx;display:inline-block;} 样式，设置元素的高度、行高、显示模式等属性。

index.wxss 文件的参考代码如下：

1. .row{
2. 　　height:100rpx;
3. 　　border-bottom:1rpx solid rgb(233,229,229);
4. 　　margin-top:25rpx;
5. 　　line-height:100rpx;
6. 　　display:flex;
7. 　　justify-content:space-evenly;
8. }
9. .timg{
10. 　　width:60rpx;
11. 　　height:60rpx;
12. 　　margin-top:10rpx;
13. }
14. .row text{
15. 　　height:100rpx;
16. 　　line-height:100rpx;
17. 　　display:inline-block;
18. }

（3）在 index.js 文件中，定义 arr 为数组变量，存储多人的姓名和状态；创建 run() 函数，实现会员状态变化时统计会员人数的功能。

index.js 文件的参考代码如下：

```
1. Page({
2.   data:{
3.     arr:[
4.       {tname:"李大唐",status:true},
5.       {tname:"王小明",status:false},
6.       {tname:"李大明",status:true},
7.       {tname:"陈大民",status:false},
8.     ],
9.     count:"?"
10.  },
11.  run:function(e){
12.    var id=e.currentTarget.dataset.id;
13.    var arr=this.data.arr;
14.    var count=0;
15.    arr[id].status=!arr[id].status;
16.    arr.forEach(function(item,index){
17.      console.log(item.status);
18.      if(item.status)count++;
19.    })
20.    this.setData({
21.      arr:arr,
22.      count:count
23.    })
24.  }
25.})
```

> **经验分享**
>
> 语句 arr.forEach(function(item，index)可实现数组的遍历。

任务6　顶部选项卡

【任务描述】

设计顶部选项卡，实现图片滑动的浏览效果，如图4-14所示。

【操作步骤】

(1) 在 index.wxml 文件中，创建 <view class="top-tab">标签，在标签中创建 <view class="tab-item{{currentTab==0?'on':''}}" data-current="0" bindtap="tabNav">第一张</view>、<view class="tab-item{{currentTab==1?'on':''}}" data-current="1" bindtap="tabNav">第二张</view>、<view class="tab-item{{currentTab==2?'on':''}}" data-current="2" bindtap="tabNav">第三张</view>等3个标签，实现顶部选项卡；创建一个 <swiper class="swiper" current="{{currentTab}}" duration="200" bindchange="swiperChange">滑块视图容器，在容器中，创建3个<swiper-item>标签，标签元素依次显示 p1.jpg、p2.jpg、p3.jpg 等图片。

图 4-14 图片滑动的浏览效果

index.wxml 文件的参考代码如下：

```
1. <view class="top-tab">
2.     <view class="tab-item{{currentTab==0 ?'on':''}}" data-current="0" bindtap="tabNav">第一张</view>
3.     <view class="tab-item{{currentTab==1 ?'on':''}}" data-current="1" bindtap="tabNav">第二张</view>
4.     <view class="tab-item{{currentTab==2 ?'on':''}}" data-current="2" bindtap="tabNav">第三张</view>
5. </view>
6. <swiper class="swiper" current="{{currentTab}}" duration="200" bindchange="swiperChange">
7.     <swiper-item>
8.         <image src="../../images/p1.jpg"></image>
9.     </swiper-item>
10.    <swiper-item>
11.        <image src="../../images/p2.jpg"></image>
12.    </swiper-item>
13.    <swiper-item>
14.        <image src="../../images/p3.png"></image>
15.    </swiper-item>
16. </swiper>
```

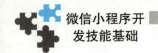

> **经验分享**
>
> 语句 data-current="1" 可以设置元素自定义的属性值，可用 e.target.dataset.current dataset.current 获取 current 值。

(2) 在 index.wxss 文件中，创建 .top-tab{display:flex;} 样式，设置元素显示模式属性，创建 .tab-item{width:33.3%;text-align:center;} 样式，设置元素的宽度、文本居中等属性；创建 .swiper{height:500px;background:#dfdfdf;} 样式，设置元素的高度、背景颜色等属性；创建 .on{color:blue; border-bottom:5rpx solid blue;}，设置元素的前景色、下边框等属性。

index.wxss 文件的参考代码如下：

```
1..top-tab{
2.    display:flex;
3. }
4..tab-item{
5.    width:33.3%;
6.    text-align:center;
7. }
8..swiper{
9.    height:500px;
10.   background:#dfdfdf;
11.}
12..on{
13.    color:blue;
14.    border-bottom:5rpx solid blue;
15.}
```

(3) 在 index.js 文件中，定义 currentTab 变量，初始值为 0；创建 tabNav() 函数，实现把顶部选项卡的当前自定义参数 current 赋给 currentTab 变量的功能；创建 swiperChange() 函数，实现把参数的 current 值赋给 currentTab 变量的功能。

index.js 文件的参考代码如下：

```
1. Page({
2.    data:{
3.        currentTab:0,
4.    },
5.    tabNav:function(e){
6.        var that=this;
7.        if(this.data.currentTab===e.target.dataset.current){
8.            return false;
```

```
9.          }else{
10.              that.setData({
11.                  currentTab:e.target.dataset.current,
12.              })
13.          }
14.      },
15.      swiperChange:function(e){
16.          this.setData({
17.              currentTab:e.detail.current,
18.          })
19.      },
20. })
```

> **经验分享**
>
> 语句 currentTab:e.target.dataset.current 可以获取元素自定义的属性 current 的值。

任务 7　图片浏览

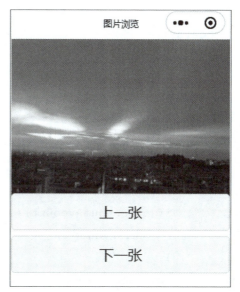

图 4-15　简易图片浏览器效果

【任务描述】

设计一个简易的图片浏览器，如图 4-15 所示。

【操作步骤】

（1）在 index.wxml 文件中，创建<view class="box">标签，在标签中创建<image src="../../images/p{{vnum}}.jpg"></image>标签显示图片，图像文件名由变量 vnum 产生；创建<button bindtap="toprev">上一张</button>、<button bindtap="tonext">下一张</button>两个按钮。

index.wxml 文件的参考代码如下：

```
1.<view class="box">
2.    <image src="../../images/p{{vnum}}.jpg"></image>
3.</view>
4.<button  bindtap="toprev">上一张</button>
5.<button  bindtap="tonext">下一张</button>
```

（2）在 index.wxss 文件中，创建 .box{height:500rpx;width:100%;}样式，设置元素高度、宽度属性；创建 button{margin-top:20rpx;font-size:50rpx;}样式，设置元素的上外边距、字号等属性。

index.wxss 文件的参考代码如下：

```
1..box{
2.    height:500rpx;
3.    width:100% ;
4.}
5.button{
6.    margin-top:20rpx;
7.    font-size:50rpx;
8.}
```

（3）在 index.js 文件中，定义 vnum 变量，初始值为 1；定义 vcount 变量，初始值为 3。创建 toprev()函数，实现功能：变量 vnum 增加 1，当大于 vcount 变量时，vnum 值为 1。创建 tonext()函数，实现功能：变量 vnum 减少 1，当小于 1 时，vnum 值为 vcount。

index.js 文件的参考代码如下：

```
1.Page({
2.    data:{
3.        vnum:1,
4.        vcount:3
5.    },
6.    toprev(){
7.        this.vnum=this.data.vnum;
8.        var vcount=this.data.vcount;
9.        this.vnum++;
10.       if(this.vnum>vcount){
11.           this.vnum=1;
12.       }
13.       this.setData({
14.           vnum:this.vnum
15.       })
16.   },
```

```
17.    tonext(){
18.        this.vnum=this.data.vnum;
19.        var vcount=this.data.vcount;
20.        this.vnum--;
21.        if(this.vnum<1){
22.            this.vnum=vcount;
23.        }
24.        this.setData({
25.            vnum:this.vnum
26.        })
27.    },
28. })
```

任务 8　人员增删

【任务描述】

实现人员增删功能，增加人员时，性别初始化的值由随机数产生，如图 4-16 所示。

【操作步骤】

（1）在 index.wxml 文件中，创建<button bindtap="topush">添加</button>、<button bindtap="topop">删减</button>两个按钮。创建<view wx:for="{{arr}}" class="box" wx:key="index" wx:for-item="it">标签，应用列表渲染，列表数据来自于数组变量 arr。在列表行中，创建<view>{{index+1}}</view>标签，显示序号；创建<view>{{it.tname}}</view>标签，显示姓名；创建<image wx:if="{{it.status}}" src="../../images/pe1.png" class="ima"></image>、<image wx:else src="../../images/pe2.png" class="ima"></image>标签，显示头像文件。

index.wxml 文件的参考代码如下：

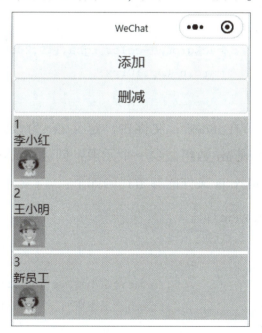

图 4-16　人员增删效果

```
1. <button bindtap="topush">添加</button>
2. <button bindtap="topop">删减</button>
3. <view wx:for="{{arr}}" class="box" wx:key="index" wx:for-item="it">
4.     <view>{{index+1}}</view><view>{{it.tname}}</view>
5.     <image wx:if="{{it.status}}" src="../../images/pe1.png" class="ima"></image>
6.     <image wx:else src="../../images/pe2.png" class="ima"></image>
7. </view>
```

经验分享

在标签中应用 wx:if="{{it.status}}"，表示当变量 it.status 为 true 时，元素可见，否则不可见。

（2）在 index.wxss 文件中，创建 .ima{width:100rpx;height:100rpx;}样式，设置元素宽度、高度等属性；创建 .box{background-color:rgba(110,208,238,0.616);margin-top:10rpx;}样式，设置元素的背景色、上外边距等属性。

index.wxss 文件的参考代码如下：

```
1. .ima{
2.     width:100rpx;
3.     height:100rpx;
4. }
5. .box{
6.     background-color:rgba(110,208,238,0.616);
7.     margin-top:10rpx;
8. }
```

（3）在 index.js 文件中，定义 arr 为数组变量，存储多人的姓名和状态；创建 topop() 函数，实现 arr 数组减少一个元素；创建 topush() 函数，实现 arr 数组增加一个元素。

index.js 文件的参考代码如下：

```
1. Page({
2.     data:{
3.         arr:[
4.             {tname:"李小红",status:true},
5.             {tname:"王小明",status:false},
6.         ],
7.     },
8.     topop:function(options){
9.         this.arr=this.data.arr;
```

```
10.         this.arr.pop(this.data.arr.length);           //减少一个数组元素
11.         this.setData({
12.             arr:this.arr,
13.         })
14.     },
15.     topush:function(options){
16.         var varr=this.data.arr;
17.         var vstatus=Boolean(Math.round(Math.random()));
18.         var ar={'tname':'新员工','status':vstatus};
19.         varr.push(ar);
20.         this.setData({
21.             arr:varr,
22.         })
23.     },
24. })
```

> **经验分享**
>
> Boolean(Math.round(Math.random()))命令表示把变量转换为布尔型。

任务9　弹窗显示信息

【任务描述】

设计人员列表，点击人员栏目时，弹窗显示人员的详情信息；点击弹窗的"关闭"按钮时，关闭弹窗，返回列人员列表，如图4-17、图4-18所示。

【操作步骤】

(1) 在index.wxml文件中，创建<view wx:for="{{arr}}" class="box" wx:key="index" wx:for-item="it" bindtap="toedit" data-index="{{index}}">标签，应用列表渲染，列表数据来自数组变量arr；在列表行中创建<view>{{index+1}}</view>标签显示序号，创建<view>{{it.tname}}</view>标签显示姓名，创建<image wx:if="{{it.status}}" src="../../images/pe1.png" class="ima"></image>、<image wx:else src="../../images/

pe2.png" class="ima"></image>显示头像文件。创建<view class="boxedit" style="display:{{showis?'block':'none'}}">标签,实现弹窗;在弹窗中创建<button bindtap="close" class="btnclose">关闭</button>按钮,创建<view class="editmes">标签显示姓名,创建<image wx:if="{{showstatus}}" src="../../images/pe1.png" class="ima"></image>、<image wx:else src="../../images/pe2.png" class="ima"></image>显示图像,区别性别信息。

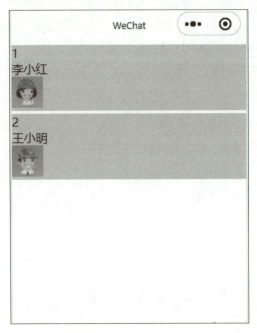

图 4-17 人员列表

图 4-18 弹窗

index.wxml 文件的参考代码如下:

```
1.<view wx:for="{{arr}}" class="box" wx:key="index" wx:for-item="it" bindtap="toedit" data-index="{{index}}">
2.    <view>{{index+1}}</view><view>{{it.tname}}</view>
3.    <image wx:if="{{it.status}}" src="../../images/pe1.png" class="ima"></image>
4.    <image wx:else src="../../images/pe2.png" class="ima"></image>
5.</view>
6.<view class="boxedit" style="display:{{showis?'block':'none'}}">
7.    <button bindtap="close" class="btnclose">关闭</button>
8.    <view class="editmes">
9.        姓名:
10.       {{showname}}
11.       <view>
12.       性别:
13.       <image wx:if="{{showstatus}}" src="../../images/pe1.png" class="ima"></image>
14.       <image wx:else src="../../images/pe2.png" class="ima"></image>
```

```
15.        </view>
16.      </view>
17.   </view>
```

> **经验分享**
>
> 标签的 display 属性值设置为{{showis?'block':'none'}}，表示当 showis 为 true 值时，标签显示；否则，标签不显示。

（2）在 index.wxss 文件中，创建.ima{width:100rpx;height:100rpx;}样式，设置元素宽度、高度等属性；创建.box{background-color:rgba(110,208,238,0.616);margin-top:10rpx;}样式，设置元素的背景色、上外边距等属性；创建.boxedit{width:100%;height:100%;background-color:rgba(12,12,12,0.685);position:fixed;top:0;left:0;padding-top:20rpx;}样式，设置元素的宽度、高度、背景色、定位方式、上内边距等属性；创建.btnclose{position:absolute;width:300rpx;display:block;right:10rpx;top:10rpx;}样式，设置元素的定位、宽度、显示模式等属性；创建.editmes{width:80%;height:80%;background-color:#fff;margin:120rpx auto;}样式，设置元素的宽度、高度、背景色、外边距等属性。

index.wxss 文件的参考代码如下：

```
1. .ima{
2.    width:100rpx;
3.    height:100rpx;
4. }
5. .box{
6.    background-color:rgba(110,208,238,0.616);
7.    margin-top:10rpx;
8. }
9. .boxedit{
10.    width:100%;
11.    height:100%;
12.    background-color:rgba(12,12,12,0.685);
13.    position:fixed;
14.    top:0;
15.    left:0;
16.    padding-top:20rpx;
17. }
18. .btnclose{
19.    position:absolute;
20.    width:300rpx;
```

```
21.    display:block;
22.    right:10rpx;
23.    top:10rpx;
24. }
25. .editmes{
26.    width:80%;
27.    height:80%;
28.    background-color:#fff;
29.    margin:120rpx auto;
30. }
```

（3）在 index.js 文件中，定义变量 showis，初始值为 false；定义 arr 为数组变量，存储多人的姓名和状态；定义变量 showname，初始值为空字符串；定义变量 showstatus，初始值为 false；创建 toedit( ) 函数，实现获取当前点击的对象数据，显示在弹窗中的功能；创建 close( ) 函数，实现关闭弹窗的功能。

index.js 文件的参考代码如下：

```
1. Page({
2.    data:{
3.       showis:false,
4.       arr:[
5.          {tname:"李小红",status:true},
6.          {tname:"王小明",status:false},
7.       ],
8.       showname:"",
9.       showstatus:false,
10.   },
11.   toedit:function(options){
12.       var i=options.currentTarget.dataset.index
13.       var arr=this.data.arr;
14.       this.setData({
15.          showis:true,
16.          showname:arr[i].tname,
17.          showstatus:arr[i].status
18.       })
19.   },
20.   close:function(options){
21.       this.setData({
22.          showis:false,
23.       })
24.    }
25. })
```

任务 10　购物车数量

【任务描述】

实现购物车数量增加和减少的功能,如图 4-19 所示。

图 4-19　购物车数量增加和减少功能效果

【操作步骤】

（1）在 index.wxml 文件中,创建<view class="box">标签。在标签中,创建<view>数量</view>标签,显示提示信息;创建<view bindtap="toPlus">+</view>标签,绑定 bindtap 事件,执行 toPlus 函数;创建<view>{{vData}}</view>显示变量数值;创建<view bindtap="toMinus">-</view>标签,绑定 bindtap 事件上执行 toMinus 函数。

操作视频

index.wxml 文件的参考代码如下:

```
1. <view class="box">
2.     <view>数量</view>
3.     <view bindtap="toPlus">+</view>
4.     <view>{{vData}}</view>
5.     <view bindtap="toMinus">-</view>
6. </view>
7. <view>库存:{{vnum}}</view>
```

（2）在 index.wxss 文件中,创建 .box{display:flex;}样式,设置元素显示模式属性;创建 .box view{width:20%;height:100rpx;border:1px solid red;line-height:100rpx;text-align:center;}样式,设置元素的宽度、高度、边框、行高、文本居中等属性;创建 .box{margin:0 auto;height:100rpx;}样式,设置元素的外边距、高度等属性。

index.wxss 文件的参考代码如下:

```
1. .box{
2.     display:flex;
3. }
4. .box view{
5.     width:20%;
6.     height:100rpx;
7.     border:1px solid red;
8.     line-height:100rpx;
9.     text-align:center;
10. }
11. .box{
12.     margin:0 auto;
13.     height:100rpx;
14. }
```

（3）在 index.js 文件中，定义变量 vData，初始值为 1；定义变量 vnum，初始值为 49；创建 toPlus( ) 函数，实现数量增加时，库存量相应地减少的功能；创建 toMinus( ) 函数，实现数量减少时，库存量相应地增加的功能。

index.js 文件的参考代码如下：

```
1. Page({
2.     data:{
3.         vData:1,
4.         vnum:49
5.     },
6.     toPlus(){
7.         var vData=this.data.vData;
8.         var vnum=this.data.vnum;
9.         if(vnum>0){
10.             vData++;
11.             vnum--;
12.         }
13.         this.setData({
14.             vData:vData,
15.             vnum:vnum
16.         })
17.     },
18.     toMinus(){
19.         var vData=this.data.vData;
20.         var vnum=this.data.vnum;
21.         if(vData>0){
```

```
22.            vData--;
23.            vnum++;
24.        }
25.        this.setData({
26.            vData:vData,
27.            vnum:vnum
28.        })
29.    },
30. })
```

任务 11 点击查看大图

【任务描述】

实现点击小图显示大图的功能，如图 4-20 所示。

图 4-20

【操作步骤】

（1）在 index.wxml 文件中，创建<view class="box">标签，在标签中，创建<image src="../../images/p1.jpg" bindtap="show" data-img="p1.jpg">1</image>、<image src="../../images/p2.jpg" bindtap="show" data-img="p2.jpg">2</image>、 src="../../images/p3.jpg" bindtap="show" data-img="p3.jpg">3</image>等3个标签，显示3张小图。创建<image src="{{pic}}" style="display:{{showis}}" bindtap="hide" class="showpic"></image>标签，用于显示大图。

index.wxml 文件的参考代码如下：

```
1. <view class="box">
2.     <image src="../../images/p1.jpg" bindtap="show" data-img="p1.jpg">1</image>
3.     <image src="../../images/p2.jpg" bindtap="show" data-img="p2.jpg">2</image>
4.     <image src="../../images/p3.jpg" bindtap="show" data-img="p3.jpg">3</image>
5. </view>
6. <image src="{{pic}}" style="display:{{showis}}" bindtap="hide" class="showpic"></image>
```

经验分享

标签的"data-img="p1.jpg""表示设置标签的自定义属性img的值为p1.jpg。

（2）在index.wxss文件中，创建.box{display:flex;}样式，设置元素显示模式属性；创建.box image{width:100rpx;height:100rpx;margin:10rpx;}样式，设置元素的宽度、高度、外边距等属性；创建.box{margin:0 auto;height:100rpx;}样式，设置元素的外边距、高度等属性；创建.showpic{position:fixed;top:0;left:0;}样式，设置元素的定位属性。

index.wxss 文件的参考代码如下：

```
1. .box{
2.     display:flex;
3. }
4. .box image{
5.     width:100rpx;
6.     height:100rpx;
7.     margin:10rpx;
8. }
9. .box{
10.    margin:0 auto;
11.    height:100rpx;
12. }
13. .showpic{
14.    position:fixed;
15.    top:0;
16.    left:0;
17. }
```

（3）在 index.js 文件中，定义变量 pic，初始值为空字符串；定义变量 showis，初始值为字符串"none"；创建 show()函数，实现点击的小图显示在大图容器中的功能；创建 hide()函数，实现隐藏大图的功能。

index.js 文件的参考代码如下：

```
1. Page({
2.   data:{
3.     pic:"",
4.     showis:"none"
5.   },
6.   show(e){
7.     var img="../../images/"+e.target.dataset.img;
8.     this.setData({
9.       pic:img,
10.      showis:"block"
11.    })
12.  },
13.  hide(){
14.    this.setData({
15.      showis:"none"
16.    })
17.  }
18. })
```

经验分享

代码 e.target.dataset.img 能获取标签自定义的属性 img 的值。

【单元总结】

本单元通过任务实现过程，讲解了 new Date()获取系统时间，获取年、月、日等日期函数应用，this.setData 渲染应用，that.setData 渲染应用，setInterval 生成计时器，clearInterval 清除计时器，forEach 遍历数组，随机产生布尔型变量等编程技能。在多个任务中，学习者可以熟练应用变量定义、变量绑定、事件绑定、函数定义、事件运行、组件自定义属性、条件渲染 wx：if 和列表渲染 wx：for 等知识，提升 JS 编程的应用水平。

【拓展练习】

拓展任务 1

【任务描述】

数列的奇偶数生成与识别,如图 4-21 所示。

(1)定义一个记录数字的数组变量,并按顺序显示在页面上。

(2)点击按钮时,数组添加一个元素,元素的值为随机数。

(3)显示数组元素时,包括序号、元素值和奇偶数识别结果。

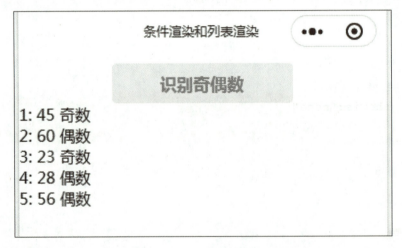

图 4-21 奇偶数生成与识别效果

拓展任务 2

【任务描述】

判断数值变化,如图 4-22 所示。

(1)定义一个记录数字的数组变量,并按顺序显示在页面上。

(2)点击按钮时,数组添加一个元素,元素的值为随机数。

(3)每增加一个元素,需与原数组最后一个数比较,并显示比较结果。

图 4-22 判断数值变化效果

拓展任务 3

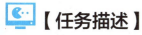

【任务描述】

求总分和平均分，如图 4-23 所示。

（1）定义数组记录各科成绩，将成绩表显示在页面上。

（2）点击"求总分"按钮时，求出所有科目的总分。

（2）点击"求平均分"按钮时，求出平均分。

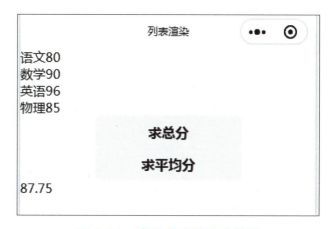

图 4-23 求总分和平均分效果

PROJECT 5 单元 ⑤

组件应用

学习目标

在本单元学习中，学习者必须掌握 scroll-view、movable-area、slider、picker、canvas、switch、checkbox 等组件在任务中的应用技能，积累一定的微信小程序组件开发的经验，提高自我学习其他组件应用的开发能力。

【知识概述】

小程序提供了许多组件，可以简单地实现一些常见的功能。掌握了小程序提供的组件，一些常见的经典功能实现起来变得更加简单。

例：scroll-view 组件

该组件可实现滚动视图功能。使用竖向滚动时，需要通过 WXSS 设置 height 属性，给 scroll-view 一个固定高度。属性 scroll-x 的值设为 true 时，允许横向滚动；scroll-y 的值设 true 时，允许纵向滚动。

例：movable-area 组件

该组件提供可移动区域。movable-area 必须设置 width 和 height 属性，确定区域的范围。在 movable-area 组件内，可添加 movable-view 设置移动元素，一般情况下，movable-view 的尺寸设置小于 movable-area 的尺寸。

例：slider 组件

slider 是滑动选择器。设置 min 属性提供选择的最小值，设置 max 属性提供选择的最大值。

例：picker 组件

该组件提供从底部弹起的滚动选择器。设置 mode 属性可实现不同的选择器类型，设置 mode 属性值等于 selector 时为普通选择器功能，设置 mode 属性值等于 time 时为时间选择器，设置 mode 属性值等于 date 时为日期选择器，设置 mode 属性值等于 region 时为省市区选择器。

微信小程序还有提供画布功能的 canvas 组件、实现开关效果的 switch 组件、用于多选项的 checkbox 组件及其他多种用途的一系列组件。在开发过程中，开发者可以根据功能的需要选择微信小程序提供的组件，以实现高效率的开发。

任务 1　scroll-view 组件实现滚动菜单项

【任务描述】

实现顶部滚动的文本菜单项效果，如图 5-1、图 5-2 所示。

（1）当前页面设置适当的背景色。

（2）定义数组变量记录菜单项文本内容。

（3）使用 scroll-view 组件实现可滚动的菜单项。

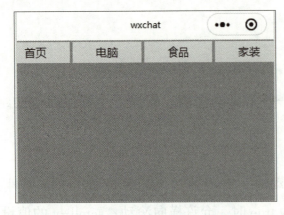

图 5-1　顶部滚动文本菜单项效果 1　　　　图 5-2　顶部滚动文本菜单项效果 2

【操作步骤】

（1）打开 index.wxss 文件，添加 page 样式，设置页面背景色。

参考代码如下：

```
page{
    background-color:rgb(39,240,39);
}
```

操作视频

> **经验分享**
>
> 在当前.wxss 文件中，在 page{} 标签中设置属性，可更改页面的样式。

（2）打开 index.wxml 文件，添加<scroll-view scroll-x="true">、<view class='item'>等组件。

参考代码如下：

```
<scroll-view scroll-x="true">
    <view class='item' bindtap="hitap" wx:for="{{menulist}}" wx:key="index">
{{item}}
    </view>
</scroll-view>
```

（3）打开 index.wxss 文件，添加 scroll-view、.item 等样式实现页面效果，如图所示。

参考代码如下：

```
scroll-view{
    height:100rpx;
    white-space:nowrap;
    width:100% ;
}
```

```
.item{
    display:inline-block;
    background-color:yellow;
    width:200rpx;
    height:60rpx;
    line-height:60rpx;
    margin:5rpx;
    text-align:center;
}
```

> **经验分享**
>
> scroll-view 的 scroll-x 属性值为 true 时，可实现横向滚动；scroll-y 属性值为 true 时，可实现纵向滚动。

任务 2　scroll-view 组件实现轮播效果

【任务描述】

实现图片轮播效果，如图 5-3 所示。

（1）使用 swiper 组件和 swiper-item 组实现轮播效果。

（2）用 swiper-item 设置 3 个轮播元素，轮播元素设置不同的文本和适当的背景色。

（3）设置适当的轮播间隔时间。

【操作步骤】

（1）打开 .wxml 文件，添加 <swiper> 组件，并添加 3 张轮播图。

参考代码如下：

图 5-3　图片轮播效果

操作视频

```
<swiper indicator-dots="{{indicatorDots}}"
    autoplay="{{autoplay}}" interval="{{interval}}" duration="{{duration}}">
```

```
        <swiper-item>
            <view>第一页</view>
        </swiper-item>
        <swiper-item>
            <view>第二页</view>
        </swiper-item>
        <swiper-item>
            <view>第三页</view>
        </swiper-item>
    </swiper>
```

> **经验分享**
>
> 在<switch checked = " {{indicatorDots}} " bindchange = " changeIndicatorDots" />中，checked 的值由变量 indicatorDots 决定。

（2）打开 .js 文件，添加 indicatorDots、autoplay 等变量。

参考代码如下：

```
Page({
    data:{
        indicatorDots:true,
        autoplay:true,
        interval:2000,
        duration:100
    },
})
```

> **经验分享**
>
> swiper 是滑块视图容器，滑块的效果由许多属性值决定。属性 indicatorDots 的值为 true 时，显示指示点；属性 autoplay 的值为 true 时，启动时就会自动轮播；属性 catorColor 用于设置指示点的颜色；属性 indicatorActiveColor 用于设置当前选中的指示点颜色；属性 duration 用于设置滑动动画时长。

任务 3　scroll-view 组件实现图文轮播效果

【任务描述】

实现图文轮播效果，如图 5-4 所示。

（1）使用 swiper 组件和 swiper-item 组件实现图文轮播效果。

（2）用 swiper-item 设置 3 张轮播图像，图片上显示图像文本标题，文本标题定位于图片左上角，设置前景色和透明的背景色。

（3）设置适当的轮播间隔时间。

（4）轮播指示点设置合适的颜色。

图 5-4　图文轮播效果

【操作步骤】

（1）打开 .wxml 文件，添加<swiper>组件，并添加 3 张轮播图。

参考代码如下：

```
<swiper indicator-dots="{{indicatorDots}}"
    autoplay="{{autoplay}}" interval="{{interval}}" duration="{{duration}}"
    indicator-active-color="red" indicator-color="yellow">
    <swiper-item>
        <image src="../../images/s1.jpg"></image>
        <label>景点 1</label>
```

操作视频

```
    </swiper-item>
    <swiper-item>
        <image src="../../images/s2.jpg"></image>
        <label>景点 2</label>
    </swiper-item>
    <swiper-item>
        <image src="../../images/s3.jpg"></image>
        <label>景点 3</label>
    </swiper-item>
</swiper>
```

（2）打开 .wxss 文件，添加 swiper、swiper-item image、swiper-item label 等样式。

参考代码如下：

```
swiper{
    width:100%;
    height:400rpx;
    text-align:center;
}
swiper-item image{
    height:500rpx;
    width:100%;
}
swiper-item label{
    display:block;
    position:absolute;
    left:0;
    top:0;
    color:white;
    background-color:rgba(135,136,136,0.4);
}
```

（3）打开 .js 文件，添加 indicatorDots、autoplay 等变量。

参考代码如下：

```
Page({
    data:{
        indicatorDots:true,
        autoplay:true,
        interval:2000,
        duration:100
    },
})
```

任务 4 movable-area 组件实现看图识字应用

【任务描述】

实现看图识字小游戏的交互效果,如图 5-5、图 5-6 所示。

(1)使用 movable-area 组件创建一个游戏区域,使用 movable-view 组件和 image 组件创建 3 个可移动的图像。

(2)使用 view 组件创建 4 个文字区域。

(3)点击"提交"前图像可以被允许移动到任何一个文字区域内。

(4)点击"提交"后不允许移动任务图像。

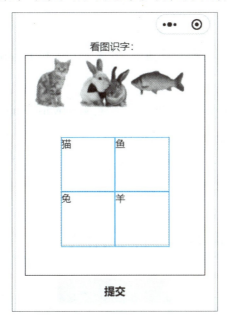

图 5-5 看图识字小游戏交互效果 1

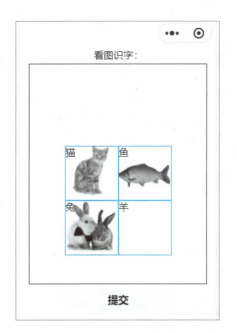

图 5-6 看图识字小游戏交互效果 2

【操作步骤】

(1)打开 .wxml 文件,添加<view style=" text-align:center;" >、<movable-area>、<movable-view>、<button>等组件。

参考代码如下:

```
<view style="text-align:center;">看图识字:</view>
<movable-area
```

操作视频

```
        <view class="box">
        <view class="txt">猫</view>
        <view class="txt">鱼</view>
        <view class="txt">兔</view>
        <view class="txt">羊</view>
        </view>
        <movable-view  direction="all" disabled="{{t}}" style="left:200rpx;"> <image src="../../images/an1.png"></image></movable-view>
        <movable-view  direction="all" disabled="{{t}}" style=""> <image src="../../images/an2.png"></image></movable-view>
        <movable-view  direction="all" disabled="{{t}}" style="left:400rpx;"> <image src="../../images/an3.png"></image></movable-view>
        </movable-area>
    <button  >提交</button>
```

> **经验分享**
>
> movable-area 组件用于创建可移动区域。
>
> movable-area 必须设置 width 和 height 属性，如果不设置，默认 width 和 height 属性值为 10px。
>
> 当 movable-view 小于 movable-area 时，movable-view 的移动范围是在 movable-area 内。
>
> movable-view 是可移动的视图容器，在页面中可以实现拖动。
>
> movable-view 必须在 movable-area 组件中，并且必须是直接子节点，否则不能实现拖动。

(2) 打开 .wxss 文件，添加 movable-area、movable-view、button 等样式。

参考代码如下：

```
movable-area{
    height:820rpx;
    width:90% ;
    border:1rpx solid rgb(0,0,0);
    margin:10rpx auto;
}
movable-view{
    height:150rpx;
    width:150rpx;
    border-radius:50%;
}
.box{
```

```
        display:flex;
        flex-wrap:wrap;
        margin:300rpx auto;
        width:410rpx;
    }
    image{
        width:200rpx;
        height:200rpx;
    }
    .txt{
        width:200rpx;
        height:200rpx;
        border:1px solid red;
        position:relative;
        margin:0 0;
    }
```

(3) 打开。js 文件，添加 color、tit、t 等变量，添加 onoff 实现状态的变化、圆形颜色变化以及提示文本的变化等功能。

参考代码如下：

```
Page({
    data:{
        t:false
    },
    onoff:function(e){
        this.setData({
            t:!this.data.t,
        });
    }
})
```

任务5 slider 组件实现拖动验证应用

【任务描述】

使用滑动选择器实现拖动验证的功能，如图5-7、图5-8所示。

（1）使用 view 组件与 image 组件，显示验证提示的图像。

（2）使用 slider 组件，创建滑动选择器的功能。

（3）拖动滑块时，左侧拼图能左右移动，当左侧拼图与右侧拼图吻合时，则显示验证成功的按钮。

（4）合理设置拼图显示区、滑动选择器的样式。

图 5-7 拖动验证功能效果 1

图 5-8 拖动验证功能效果 2

【操作步骤】

（1）打开 .wxml 文件，添加 \<view style="height:450rpx;width:100%;background-color:green;"\>、\<slider\>以及\<image\>等组件；添加\<button wx:if="{{show}}"\>组件，当 show 的值为 true 时组件才显示。

参考代码如下：

```
<view style="height:450rpx;width:100% ;background-color:#c06600;">
    <image src="../../images/mover.png" class="block2" style="left:{{targetleft}}rpx;"></image>
    <image src="../../images/target.png" class="block" style="left:{{vleft}}rpx;"></image>
</view>
<view >向右拖动</view>
<view class="body-view">
    <slider bindchanging="sliderchange" min="100" max="600" activeColor="#cc0066" />
</view>
<button wx:if="{{show}}">验证成功！确定</button>
```

> **经验分享**
>
> 滑动选择器应用<slider bindchanging=" sliderchange">绑定函数 sliderchange，在选择器的滑动中就可以执行函数功能。
>
> 滑动选择器发生变化过程中，即实时执行 sliderchange 函数功能，把滑动选择器的值 e.detail.value 赋值给左侧拼图的左边界 vleft，再用 vleft 比较右侧拼图的左边界 targetleft，当 vleft 与 targetleft 相同时，即提示为验证成功。

（2）打开 .wxss 文件，添加 .block、.block2、.body-view 等样式。

参考代码如下：

```
.block{
    position:absolute;
    z-index:999;
    top:100rpx;
    width:150rpx;
    height:150rpx;
}
.block2{
    position:absolute;
    z-index:99;
    top:100rpx;
    width:150rpx;
    height:150rpx;
}
.body-view{
    background-color:rgb(189,189,189);
    height:95rpx;
    padding-top:5rpx;
}
```

（3）打开 .js 文件，添加 vleft、goalleft 等变量，添加 sliderchange( ) 函数实现数据更新及验证成功的信息提示功能。

参考代码如下：

```
Page({
    data:{
        vleft:100,
        targetleft:500,
        show:false
```

```
    },
    sliderchange:function(e){
        var that=this;
        this.setData({
            vleft:e.detail.value
        })
        this.vleft=this.data.vleft;
        this.targetleft=this.data.targetleft;
        if(this.vleft==this.targetleft){
            that.setData({
                show:true
            })
        }else{
            that.setData({
                show:false
            })
        }
    },
})
```

任务 6　picker 组件实现省市区选择器

【任务描述】

编程实现一个省市区选择器功能，如图5-9所示。

（1）创建一个 picker 组件，设置适当的默认值。

（2）标题和选择栏设置合适的样式。

（3）实现选择的功能。

图 5-9　省市区选择器功能效果

【操作步骤】

（1）打开 .wxml 文件，添加<picker>组件，设置 mode 的值为 region，value 的值为变量 region 的值，绑定 bindchange 事件执行 bind-

RegionChange 函数；创建3个<view class="area">组件，显示选择的结果。

参考代码如下：

```
<view>选择所属地区</view>
<picker mode="region" bindchange="bindRegionChange" value="{{region}}">
    <view class="area">{{region[0]}}</view>
    <view class="area">{{region[1]}}</view>
    <view class="area">{{region[2]}}</view>
</picker>
```

(2) 打开 .wxss 文件，添加 .area 样式。

参考代码如下：

```
.area{
    height:80rpx;
    line-height:80rpx;
    width:50%;
    text-align:center;
    border-bottom:1rpx solid rgb(207,188,188);
    border-top:1rpx solid rgb(207,188,188);
    margin-top:10rpx;
    margin-left:200rpx;
}
```

(3) 打开 .js 文件，定义 region 变量，设置初始值；添加 bindRegionChange( ) 函数实现数据更新功能。

参考代码如下：

```
Page({
    data:{
        region:['广东省','广州市','荔湾区'],
    },
    bindRegionChange:function(e){
        this.setData({
            region:e.detail.value
        });
    }
})
```

经验分享

<picker>组件设置 mode 的值为 region 时，可提供省市区选择功能。

<picker>组件绑定 bindchange="bindRegionChange"，当组件的 value 值发生改变时触发事件，执行 bindRegionChange 函数，函数的功能是从 e.detail.value 获取当前选中的值。e.detail.value 是一个数组，其中 e.detail.value[0]表示省份，e.detail.value[1]表示城市，e.detail.value[2]表示区，呈现省市区选择器效果。

任务 7 canvas 组件实现绘制矩形与圆形

【任务描述】

实现绘制矩形与圆形的功能，如图 5-10 所示。

（1）添加"绘制矩形""绘制圆形""绘制矩形和圆形"等 3 个按钮。

（2）添加 1 个 canvas 组件。

（3）点击"绘制矩形"按钮时，在画布上绘制一个矩形；点击"绘制圆形"按钮时，在画布上绘制一个圆形；点击"绘制矩形和圆形"按钮时，在画布上同时绘制一个矩形和圆形。

图 5-10 绘制矩形与圆形功能效果

【操作步骤】

（1）打开 .wxml 文件，添加 <button bindtap="rect">、<button bindtap="arc">、<button bindtap="rect_arc">等 3 个<button>组件；添加 1 个画布组件<canva>，设置 canvas-id 属性和适当的样式。

参考代码如下：

```
<button bindtap="rect">绘制矩形</button>
<button bindtap="arc">绘制圆形</button>
<button bindtap="rect_arc">绘制矩形和圆形</button>
<canvas style="width:350px;height:200px;margin:0 auto;border:1rpx solid red;" canvas-id="firstCanvas"></canvas>
```

(2)打开.wxss 文件，添加 button 等样式。

参考代码如下：

```
button{
    margin:5rpx;
}
```

(3)打开.js 文件，添加 rect 函数，实现绘制矩形的功能；添加 arc 函数，实现绘制圆的功能；添加 rect_ arc 函数，实现绘制矩形与圆形的功能。

参考代码如下：

```
Page({
    rect:function(){
        var context=wx.createCanvasContext('firstCanvas')
        context.setStrokeStyle("#0000ff")
        context.setLineWidth(5)
        context.rect(200,50,100,100)
        context.stroke();
        context.draw()
    },
    arc:function(){
        var context=wx.createCanvasContext('firstCanvas')
        context.setStrokeStyle("#0000ff")
        context.setLineWidth(5)
        context.arc(100,100,60,0*Math.PI,2*Math.PI)
        context.stroke();
        context.draw()
    },
    rect_arc:function(){
        var context=wx.createCanvasContext('firstCanvas')
        context.setStrokeStyle("#0000ff")
        context.setLineWidth(5)
        context.rect(200,50,100,100)
        context.moveTo(160,100)
        context.arc(100,100,60,0,2*Math.PI)
        context.stroke();
    },
})
```

经验分享

wx.createCanvasContext('firstCanvas')的作用是创建 canvas 绘图上下文，即指定的 canvasId 值，绘图时，将只作用于对应的<canvas>组件。

Math.PI 指圆周率 π。

context.arc(100,100,60,0*Math.PI,2*Math.PI)命令中，设置了绘制圆时，弧度从 0*Math.PI 开始到 2*Math.PI 结束，即绘制的是一个圆，此命令也可以写成 context.arc(100,100,60,0,2*Math.PI)。

任务 8　canvas 组件实现动画绘制圆弧

【任务描述】

编程实现呈现绘制圆弧的动画效果，如图 5-11 所示。

（1）添加一个"绘制圆弧"按钮，添加一个 canvas 组件。

（2）点击"绘制圆弧"按钮呈现从绘制圆弧开始直到完成一个圆绘制的动画过程。

【操作步骤】

（1）打开 .wxml 文件，添加 <button>、<canvas>等组件，<button>组件绑定 bindtap 事件执行 drowarcb 函数，<canva>组件设置 canvas-id 属性和适当的样式。

参考代码如下：

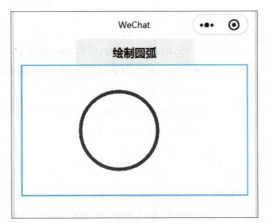

图 5-11　绘制圆弧的动画效果

```
<button bindtap="drowarc">绘制圆弧</button>
<canvas style="width:350px;height:200px;margin:0 auto;border:1rpx solid red;" canvas-id="firstCanvas"></canvas>
```

经验分享

canvas 为画布组件，默认宽度 300px、高度 150px。在同一页面中的 canvas 组件设置的 canvas-id 不可以重复。

（2）打开.js文件，定义i和t变量；添加drowarc函数，呈现从绘制圆弧开始直到完成一个圆绘制的动画过程。

参考代码如下：

```
Page({
    data:{
        i:0,
        t:true
    },
    drowarc:function(){
        var context=wx.createCanvasContext('firstCanvas')
        context.setStrokeStyle("#0000ff")
        context.setLineWidth(5)
        var i=this.data.i;
        var t=this.data.t
        i=0;
        if(t){
            this.timer=setInterval((function(){
                i=i+0.1;
                context.setStrokeStyle("#0000ff")
                context.arc(150,100,60,0* Math.PI,i * Math.PI)
                context.stroke();
                context.draw()
                if(i>=2){
                    clearInterval(this.timer)
                };
            }).bind(this),500);
        }
    },
})
```

任务9 switch 组件实现开关效果

【任务描述】

使用switch组件实现开关效果，如图5-12所示。

（1）页面上方实现轮播效果，页面下方提供 3 个 switch 组件开关。

（2）"指示点"开关可以控制指示点是否显示。

（3）"自动播放"开关可以控制轮播是否自动播放。

（4）"显示文本"开关可以控制轮播的文本内容是否显示。

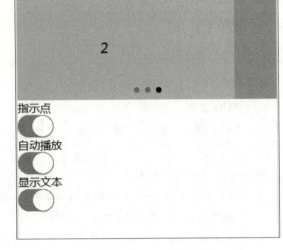

图 5-12　开关效果

【操作步骤】

（1）打开 .wxml 文件，添加 <swiper>、<swiper-item>、<view> 等组件实现轮播效果；设置在 3 个 <switch> 组件，每个 <switch> 组件绑定对应的事件，实现开关效果。

参考代码如下：

```xml
<view>
    <swiper indicator-dots="{{indicatorDots}}"
        autoplay="{{autoplay}}" interval="{{interval}}" duration="{{duration}}">
        <swiper-item style="background-color:rgb(142,240,240);">
            <view wx:if="{{show}}" class="txt">1</view>
        </swiper-item>
        <swiper-item style="background-color:rgb(148,216,235);">
            <view wx:if="{{show}}" class="txt">2</view>
        </swiper-item>
        <swiper-item style="background-color:rgb(218,158,224);">
            <view wx:if="{{show}}" class="txt">3</view>
        </swiper-item>
    </swiper>
</view>
<view>指示点</view>
<view>
    <switch checked="{{indicatorDots}}" bindchange="changeIndicatorDots" />
</view>
<view>自动播放</view>
<view>
    <switch checked="{{autoplay}}" bindchange="changeAutoplay"/>
</view>
<view>显示文本</view>
<view>
    <switch checked="{{show}}" bindchange="changeShow"/>
</view>
```

> **经验分享**
>
> 在<switch>组件中，checked 的值一般为布尔型，用于控制 switch 开关的 true 和 false 两种状态。<switch>组件可绑定 bindchange 事件，当 switch 开关的 true 和 false 状态发生变化时触发。

(2) 打开 .wxss 文件，添加 swiper、.txt 等样式。

参考代码如下：

```
swiper{
    height:300rpx;
}
.txt{
    font-size:40rpx;
    text-align:center;
    height:100% ;
    line-height:300rpx;
}
```

(3) 打开 .js 文件，定义 indicatorDots、autoplay、show 等 3 个布尔型变量，定义 interval、duration 等 2 个数值型变量；添加 changeIndicatorDots 函数，实现 indicatorDots 变量的取值和重新渲染验功能；添加 changeAutoplay 函数，实现 autoplay 变量的取值和重新渲染验功能；添加 changeShow 函数，实现 show 变量的取值和重新渲染验功能。

参考代码如下：

```
Page({
    data:{
        indicatorDots:true,
        autoplay:true,
        interval:2000,
        duration:500,
        show:true
    },
    changeIndicatorDots(){
        this.setData({
            indicatorDots:! this.data.indicatorDots
        })
    },
    changeAutoplay(){
        this.setData({
```

```
            autoplay:! this.data.autoplay
        })
    },
    changeShow(){
        this.setData({
            show:! this.data.show
        })
    },
})
```

任务 10　checkbox 组件实现投票应用

图 5-13　投标功能效果

【任务描述】

编程实现一个投票的功能，如图 5-13 所示。
（1）显示候选人信息。
（2）使用 checkbox 组件实现可供投票的效果。
（3）投票状态可为"反对"或"赞成"，并实时统计"赞成"人数。

【操作步骤】

（1）打开 .wxml 文件，添加 < view class = " title" >、< checkbox - group >、< label >、< text >、< checkbox>等组件，在<checkbox-group>组件内使用 bindchange = " checkboxChange 绑定事件，实现显示候选人头像等信息。

参考代码如下：

```
<view class="title">候选人:赞成的打上钩</view>
<checkbox-group bindchange="checkboxChange">
    <label wx:for="{{items}}" wx:key="index">
        <view style="margin:10rpx;">
            <text>{{index+1}}候选人</text><image src="../../images/{{item.pic}}"></image>
            <checkbox value="{{item.value}}" />
```

操作视频

```
            <text wx:if="{{item.checked==true}}">赞成</text>
            <text wx:else>反对</text>
        </view>
    </label>
</checkbox-group>
```

> **经验分享**
>
> 在< checkbox – group bindchange = " checkboxChange" >的作用是在标签中采用 bindchange 绑定事件执行 checkboxChange 函数。

（2）打开.wxss 文件，添加.title、image 等样式。

参考代码如下：

```
.title{
    height:50rpx;
    line-height:50rpx;
    text-align:center;
    border-bottom:1rpx solid rgb(161,250,120);
}
image{
    width:150rpx;
    height:150rpx;
}
```

（3）打开.js 文件，自定义 items 数组变量，并初始化数据；添加 checkboxChange 函数，实现 checkbox 的 checked 状态发生变化时，对应更改数据 items 的值，记录改变的状态，并统计数组元素中 checked 值为 true 的个数。

参考代码如下：

```
Page({
    data:{
        items:[
            {value:'陈某某',pic:'r1.png',checked:'false'},
            {value:'李某某',pic:'r2.png',checked:'false'},
            {value:'越某某',pic:'r3.png',checked:'false'},
            {value:'张某某',pic:'r4.png',checked:'false'},
        ],
        num:0
    },
    checkboxChange:function(e){
```

```
        const items=this.data.items
        const values=e.detail.value
        for(let i=0,lenI=items.length;i<lenI;++i){
            items[i].checked=false
            for(let j=0,lenJ=values.length;j<lenJ;++j){
                if(items[i].value===values[j]){
                    items[i].checked=true
                    break
                }
            }
        }
        this.setData({
            num:e.detail.value.length,
            items
        })
    },
})
```

【单元总结】

本单元重点讲述了使用 scroll-view 组件实现滚动菜单项、图文轮播，使用 movable-area 组件和 movable-view 组件实现可移动应用，使用 slider 组件实现拖动验证，使用 canvas 组件实现画布应用，使用 swiper 组件实现开关应用，使用 checkbox 组件实现多选功能，使用 picker 组件实现选择器等技能。

本项目讲解多个小程序提供的常用组件应用案例，通过一系列的任务设计操作，讲述了小程序开发中组件应用的技巧。在任务设计实现的过程中，学习者积累了组件应用的经验，也积累了代码的理解与应用的编程经验。

【拓展练习】

拓展任务 1

【任务描述】

实现小球在移动过程中，进入某些区域会变成另一种颜色，如图 5-14、图 5-15 所示。

(1)设置一个移动的区域,拖动小球,小球能移动。
(2)小球移动时,移动到右侧某些区域会变成另一种颜色。
(3)小球移动时,移动到左侧某些区域会变成原来的颜色。

图 5-14 小球在左侧时显示一种颜色

图 5-15 小球在右侧时变了颜色

拓展任务 2

【任务描述】

应用 picker 组件实现一个日期时间选择器功能,如图 5-16 所示。

(1)日期可选年、月、日,有可选择的范围,启动时有默认值。
(2)时间有可选择的范围,启动时有默认值。
(3)选择信息发生更改后,当前信息相应发生改变。
(4)样式设计合理,支持创意设计。

拓展任务 3

【任务描述】

应用 picker 组件编程实现一个学历选择器功能,如图 5-17 所示。

(1)学历可选范围包括小学以下、初中、高中、大专、大学以上,启动时有默认值。
(2)毕业日期可选年、月、日,有可选择的范围,启动时有默认值。
(3)选择信息发生更改后,当前信息相应发生改变。
(4)样式设计合理,支持创意设计。

图 5-16 日期时间选择器功能效果

图 5-17 学历选择器功能效果

拓展任务 4

【任务描述】

使用滑动选择器编程实现一个调色板的功能，如图 5-18 所示。

（1）根据 rgb( ) 函数的原理，给调色板设置背景色。

（2）3 个拖动滑动选择器分别控制 rgb( ) 函数的 3 个参数，实现控制红色、绿色、蓝色的效果，并实时改变调色板的背景色。

（3）合理设置调色板、滑动选择器的样式。

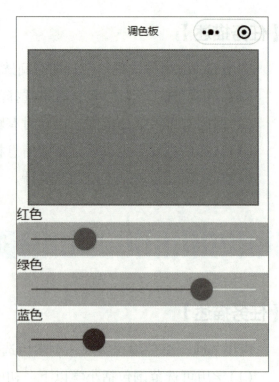

图 5-18 调色板功能效果

PROJECT 6 单元 6
微信小程序API应用

学习目标

在本单元学习中,学习者必须掌握的技能包括使用 API 拨打手机电话,使用 API 弹出消息提示框,使用 API 发送网络访问请求,使用 API 实现页面跳转、切换,使用 API 函数选择需要播放的视频等。

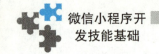

【知识概述】

微信小程序应用程序编程接口(Application Programming Interface,API),是一种接口函数,把函数封装起来,提供给开发者,这样很多的功能就不需要用户定义怎么去实现,只要会调用就好了。小程序开发框架提供丰富的微信小程序API接口,可以方便开发人员直接调用微信小程序提供的API函数,如获取用户信息、本地存储、支付功能等。本单元介绍微信小程序提供的常见API函数解决实际问题。

任务 1　一键拨打电话

【任务描述】

微信小程序可以实现很多办公系统的功能,比如员工手机号码查询以及手机号码拨号。本任务学习手机号码拨号,使用API函数 wx.makePhoneCall 实现"一键拨号"功能,如图6-1所示。

图6-1　"一键拨号"功能效果

操作视频

【操作步骤】

(1)新建一个项目,打开 index.wxml 文件,在这个文件中添加代码,实现添加一个输入框、一个按钮等,在输入框中输入完手机号码之后,点击"拨号"按钮即可实现手机号码拨号功能。主要代码与效果如图 6-2 所示。

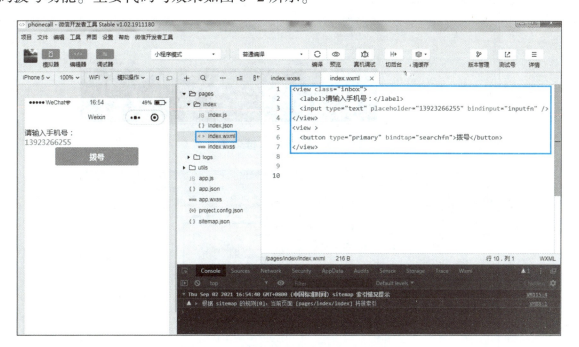

图 6-2　添加一个输入框、一个按钮

主要代码如下:

```
<view class="inbox">
    <label>请输入手机号:</label>
    <input type="text" placeholder="13923266255" bindinput="inputfn" />
</view>
<view >
    <button type="primary" bindtap="searchfn">拨号</button>
</view>
```

(2)打开 index.wxss 文件,为输入框设置样式,控制输入框效果,如图 6-3 所示。关键代码如下:

```
.inbox{
    display:flex;
    margin:10px 0 20px 10px;
}
```

(3)打开 index.js 文件,编写点击"拨号"按钮时响应事件的函数代码,包括输入号码响应函数 inputfn、点击按钮时拨号函数 searchfn。在 searchfn 函数中调用 call 函数,在函数 call 中调用微信小程序 API 函数 wx.makePhoneCall 进行手机号码拨号,代码如图 6-4 所示。

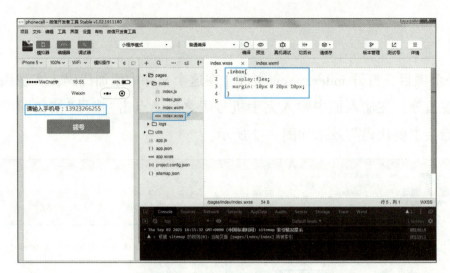

图 6-3 控制输入框效果

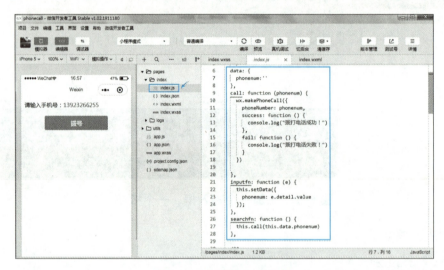

图 6-4 调用 API 函数

关键代码如下:

```
data:{
    phonenum:"
},
call:function(phonenum){
    wx.makePhoneCall({
        phoneNumber:phonenum,
        success:function(){
            console.log("拨打电话成功!")
        },
        fail:function(){
            console.log("拨打电话失败!")
        }
    })
},
```

```
inputfn:function(e){
    this.setData({
        phonenum:e.detail.value
    });
},
searchfn:function(){
    this.call(this.data.phonenum)
},
```

(4)在手机上测试效果。首先输入手机号码，然后点击"拨号"按钮，进行手机拨号，如图 6-1 所示。

任务 2　网络访问显示返回结果

【任务描述】

制作微信小程序时经常需要访问后台程序进行网络交互，对网站的数据进行查询、存放等操作，微信小程序有很多相关的 API 函数。下面借助微信 API 函数 wx.request 发起访问请求，并把网站服务器返回的结果显示出来，如图 6-5 所示。

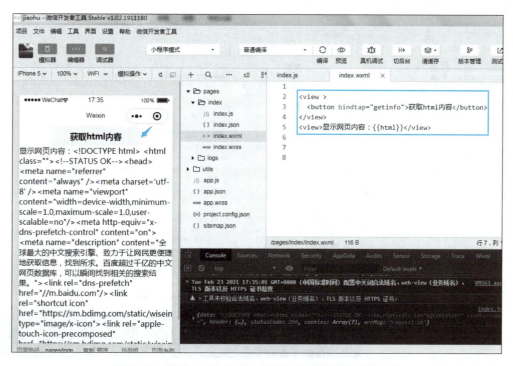

图 6-5　借助 API 函数显示网站服务器返回结果

操作视频

【操作步骤】

(1)新建项目，清空 index.wxml 文件中原有代码，重新编写代码，如 6-6 所示。

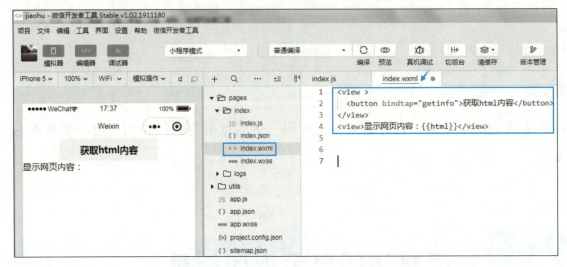

图 6-6　编写 index.wxml 代码

主要代码如下：

```
<view >
    <button bindtap="getinfo">获取 html 内容</button>
</view>
<view>显示网页内容:{{html}}</view>
```

(2)在 index.js 文件中添加点击按钮时响应的函数 getinfo，借助 API 函数 wx.request 发送网络访问请求，如图 6-7 所示。

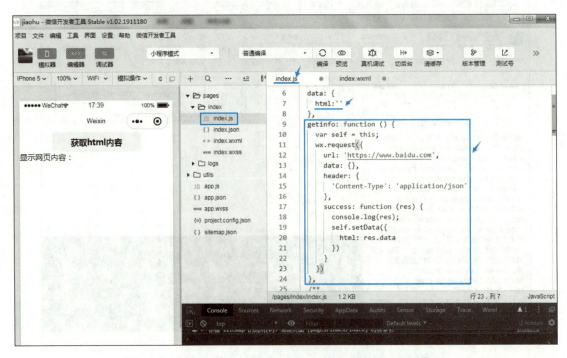

图 6-7　借助 API 函数 wx.request 发送网络访问请求

主要代码如下：

```
data:{
    html:"
},
getinfo:function(){
    var self=this;
    wx.request({
        url:'https://www.baidu.com',
        data:{},
        header:{
            'Content-Type':'application/json'
        },
        success:function(res){
            console.log(res);
            self.setData({
                html:res.data
            })
        }
    })
},
```

（3）保存项目，调试运行小程序，如图6-8所示。

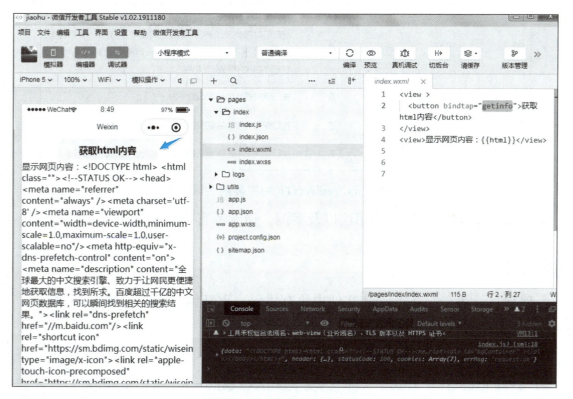

图6-8　调试运行小程序

任务 3 　 小程序页面跳转

【任务描述】

使用 API 函数实现页面跳转、切换。下面借助 API 函数 wx.redirectTo 实现页面跳转，如图 6-9 所示。

【知识链接】

1. 利用微信 API 函数 wx.redirectTo 实现关闭当前页面，跳转到应用内的某个页面。但是不允许跳转到 tabbar 页面，它的主要属性以及作用如图 6-10 所示。

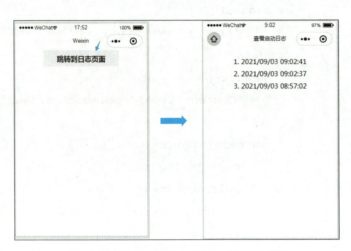

图 6-9　借助 API 函数实现页面跳转

属性	类型	默认值	必填	说明
url	string		是	需要跳转的应用内非 tabBar 的页面的路径 (代码包路径)，路径后可以带参数。参数与路径之间使用 ? 分隔，参数键与参数值用 = 相连，不同参数用 & 分隔；如 'path?key=value&key2=value2'
success	function		否	接口调用成功的回调函数
fail	function		否	接口调用失败的回调函数
complete	function		否	接口调用结束的回调函数（调用成功、失败都会执行）

图 6-10　wx.redirectTo 的主要属性以及作用

2. API 函数 wx.redirectTo 具体用法以及案例，请参考官方开发文档。

【操作步骤】

（1）新建项目，清空 index.wxml 文件中原有代码，重新编写代码，如 6-11 所示。主要代码如下：

```
<view >
    <button bindtap="Tolog">跳转到日志页面</button>
</view>
```

操作视频

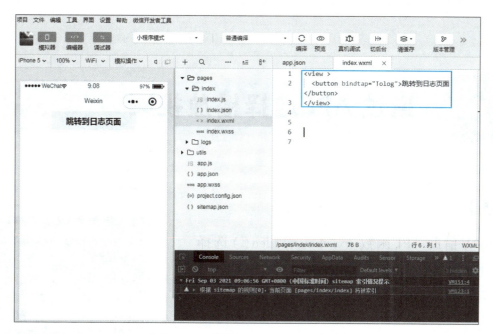

图 6-11　编写 index.wxml 代码

（2）在 index.js 文件中添加点击按钮时响应的函数 Tolog，借助 API 函数 wx.redirectTo 实现页面跳转，如图 6-12 所示。

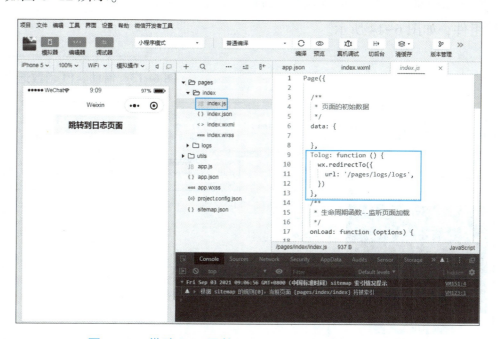

图 6-12　借助 API 函数 wx.redirectTo 实现页面跳转

主要代码如下：

```
Tolog:function(){
    wx.redirectTo({
        url:'/pages/logs/logs',
    })
},
```

（3）保存项目，调试运行小程序，如图 6-9 所示。

任务 4 通过 API 选择播放视频

【任务描述】

本任务学习借助 API 函数 wx.chooseVideo() 选择需要播放的视频文件，并使用<video>组件实现播放视频文件，如图 6-13 所示。

【操作步骤】

（1）新建项目，清空 index.wxml 文件中原有代码，接着编写代码实现添加 1 个<video>视频组件与 1 个<button>按钮组件，如图 6-14 所示。

图 6-13 借助 API 函数选择播放视频

操作视频

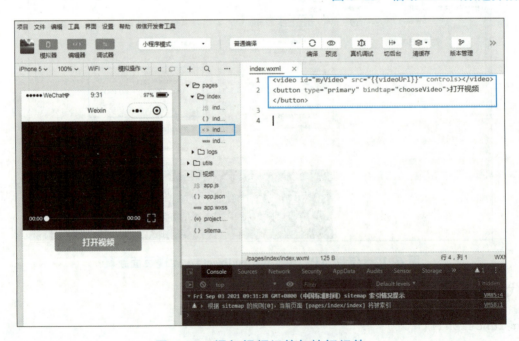

图 6-14 添加视频组件与按钮组件

主要代码如下：

```
<video id="myVideo" src="{{videoUrl}}" controls></video>
<button type="primary" bindtap="chooseVideo">打开视频</button>
```

（2）在 index.js 文件中的 Page 内定义一个函数 chooseVideo( )，用来选择播放的视频文件，如图 6-15 所示。

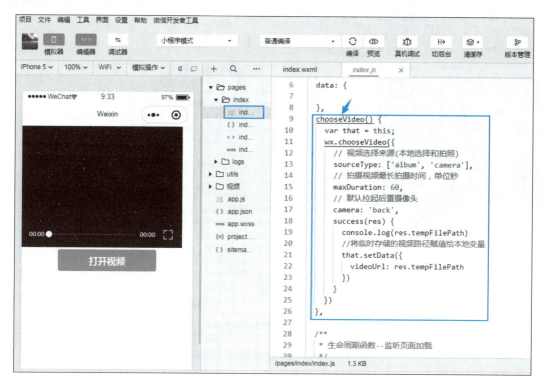

图 6-15　定义函数 chooseVideo( )

主要代码如下：

```
chooseVideo(){
    var that=this;
    wx.chooseVideo({
        // 视频选择来源(本地选择和拍照)
        sourceType:['album','camera'],
        // 拍摄视频最长拍摄时间,单位秒
        maxDuration:60,
        // 默认拉起后置摄像头
        camera:'back',
        success(res){
            console.log(res.tempFilePath)
            //将临时存储的视频路径赋值给本地变量
            that.setData({
                videoUrl:res.tempFilePath
            })
        }
    })
},
```

（3）保存项目，调试运行小程序，如图 6-16 所示。

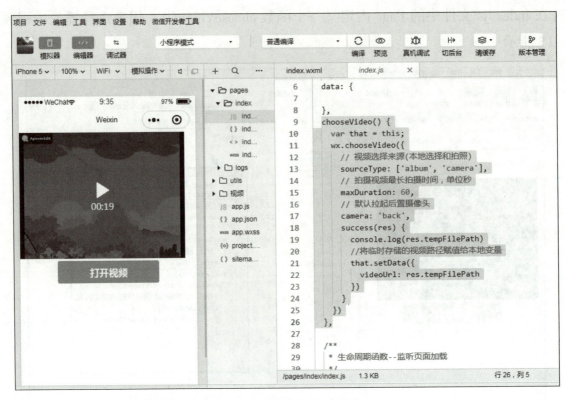

图 6-16 调试运行小程序

任务 5 使用消息提示框

【任务描述】

制作微信小程序时经常需要弹出消息提示框，下面借助使用微信 API 函数 wx.showToast 把需显示的提示信息以弹框的形式呈现，如图 6-17 所示。

【操作步骤】

（1）新建项目，清空 index.wxml 文件中原有代码，接着编写代码，如图 6-18 所示。

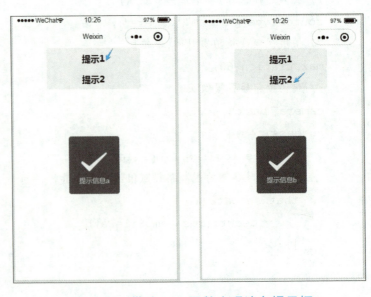

图 6-17 借助 API 函数实现消息提示框

操作视频

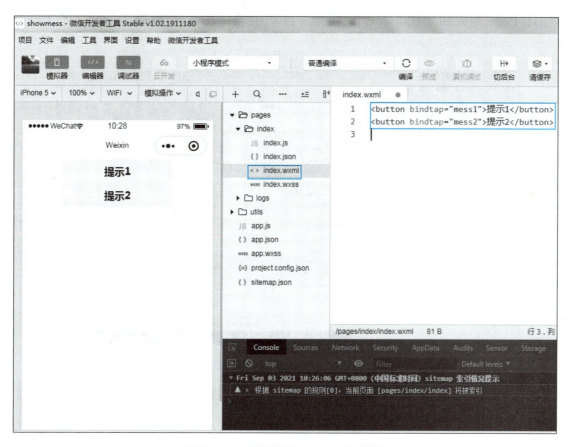

图 6-18 编写 index. wxml 代码

主要代码如下:

```
<button bindtap="mess1">提示 1</button>
<button bindtap="mess2">提示 2</button>
```

(2) 删除 pages/index/index. js 文件中的所有代码，使用 Page 方法初始化页面，如图 6-19 所示。

图 6-19 使用 Page 方法初始化页面

（3）使用 Page 函数初始化 index.js 页面，自动生成页面生命周期函数控制代码，如图 6-20 所示。

图 6-20　使用 Page 函数初始化 index.js 页面

（4）在 index.js 文件中添加点击按钮时响应的函数 mess1、mess2，借助 API 函数 wx.showToast 弹出消息提示框，如 6-21 所示。

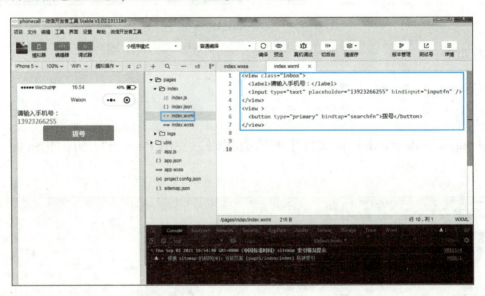

图 6-21　借助 API 函数 wx.showToast 弹出消息提示框

主要代码如下：

```
mess1:function(){
    wx.showToast({
        title:'提示信息 a',
        duration:2000,
        icon:"success"
    })
},
```

```
mess2:function(){
    wx.showToast({
        title:'提示信息b',
        duration:2000,
        icon:"success"
    })
},
```

（5）保存项目，调试运行小程序，如图6-22所示。

图6-22　调试运行小程序

【单元总结】

通过本单元学习，学习者主要掌握了在微信小程序中通过 API 函数解决实际问题的技能，比如发送网络访问的请求、获取手机信息等功能。

【拓展练习】

拓展任务 1

【任务描述】

制作一个小程序，在页面上有一个输入框、一个按钮。首先输入手机号码，然后点击"拨号"按钮，进行手机拨号，如图6-23所示。

图6-23　小程序拨号效果

拓展任务 2

【任务描述】

使用API函数wx.openLocation、wx.getLocation制作实现显示手机目前所在位置的地图，如图6-24所示。

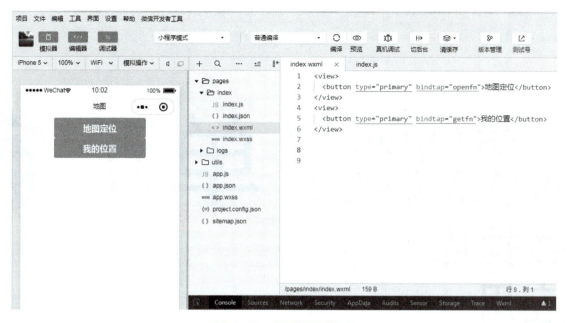

图 6-24　显示地图信息

PROJECT 7 单元 7

数据库应用

学习目标

通过本单元的学习，学习者应掌握微信小程序访问服务器端后台数据库系统，实现数据显示的方法。在完成任务过程中，需要学习的技能包括下载、安装宝塔服务器运维面板，服务器搭建，创建数据库和数据表，输入数据记录，编写 PHP 代码返回数据表记录，返回 JavaScript 对象表示法(JavaScript Object Notation，JSON)格式数据，编辑微信小程序.js 文件实现数据请求处理等技能。

【知识概述】

实现微信小程序与后台数据库系统的交互是小程序数据库操作的基本技能。许多小程序项目的应用需求，离不开对数据库的访问操作。微信小程序对数据库的操作常包括数据查询、添加、保存等。成功访问服务器网页，并成功获取数据表记录是微信小程序数据库操作的第一步，本单元的任务将讲述服务器搭建、数据库创建、数据表准备、服务器端 PHP 代码编写、微信小程序的程序设计等一系列的操作，引领大家一步一步清晰了解各操作环节的技能。

任务 1　服务器搭建与数据库创建

【任务描述】

实现服务器的搭建。

(1) 下载宝塔服务器运维面板。

(2) 创建数据库和数据表。

(3) 准备数据表记录。

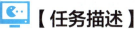【操作步骤】

(1) 打开宝塔官方网站(https://www.bt.cn)网站，下载宝塔服务器运维护面板，如图 7-1 所示。

操作视频

图 7-1　下载宝塔服务器运维面板

(2) 将宝塔服务器运维面板安装到主机上，访问主机网址，进入宝塔服务器维护界面，选择"数据库"菜单项，添加数据库 school，设置数据库的 root 密码和数据库密码，如图 7-2 所示。

图 7-2 添加数据库 school

（3）在数据库 school 中，创建数据表 goods，如图 7-3 所示。

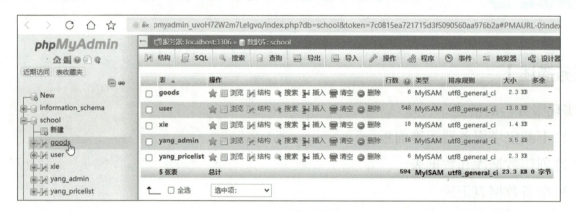

图 7-3 创建数据表 goods

> **经验分享**
>
> 　　数据库是按照数据结构来组织、存储和管理数据的仓库，是一个存储在计算机内的、有组织的、可共享的、统一管理的大量数据的集合。计算机中的数据库与现实生活中工厂仓库、学校图书库、超市仓库的作用有些相似，数据库方便对数据、信息进行存取、管理。

（4）设计数据表 goods 的字段，输入数据记录，如图 7-4 所示。

单元7
数据库应用

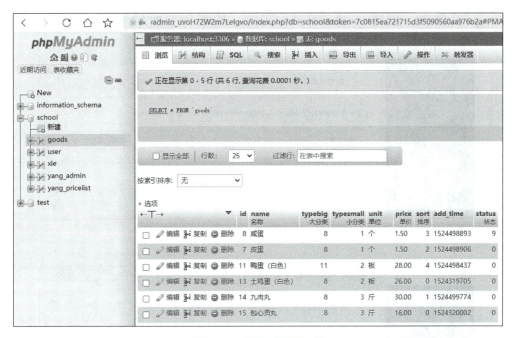

图 7-4　输入数据记录

任务 2　.php 文件返回 JSON 格式数据

【任务描述】

编写 .php 文件代码，获取数据记录，返回 JSON 格式数据。

（1）创建 goodslist.php 文件。

（2）编写 .php 文件代码，成功连接数据库，读取数据表记录，返回 JSON 格式数据。

（3）调试网页运行情况，确保数据获取成功。

> 经验分享
>
> JSON 是一种轻量级的数据交换格式。任何 JSON 格式支持的数据类型都可以通过它来表示，例如字符串、数字、对象、数组等。

【操作步骤】

（1）进入宝塔服务器维护界面，选择"网站"菜单项，创建 api 文件夹，如图 7-5 所示。

操作视频

— 177 —

(2)打开 api 文件夹,创建 goodslist.php 文件,如图 7-6 所示。

图 7-5　创建"api"文件夹

图 7-6　创建 goodslist.php 文件

(3)打开 goodslist.php 文件,输入 PHP 代码,连接数据库,读取数据表记录,返回 JSON 数据,如图 7-7 所示。

图 7-7　输入 PHP 代码

参考代码如下：

```php
1. <?php
2.     //查看goods表
3.     $servername="localhost";
4.     $username="school";
5.     $password="schooldatabase";
6.     $dbname="school";
7.     $json='';
8.     $data=array();
9.     class Goods
10.    {
11.        public $id;
12.        public $name;
13.        public $unit;
14.        public $price;
15.    }
16.    $conn=new mysqli($servername,$username,$password,$dbname);
17.    $sql="SELECT * FROM goods";
18.    $result=$conn->query($sql);
19.    if($result){
20.        while($row=mysqli_fetch_array($result,MYSQL_ASSOC))
21.        {
22.            $user=new Goods();
23.            $user->id=$row["id"];
24.            $user->name=$row["name"];
25.            $user->unit=$row["unit"];
26.            $user->price=$row["price"];
27.            $data[]=$user;
28.        }
29.        $json=json_encode($data);
30.        echo "{"."\"user\""."".":"."".$json."}";
31.    }else{
32.        echo "查询失败";
33.    }
34.    $conn->close();
35. ?>
```

经验分享

$json=json_encode($data)的作用是把$data值转换为JSON格式。

(4)在浏览器地址栏访问服务器的 goodslist.php 文件,能查看 JSON 数据信息,如图 7-8 所示。

图 7-8　查看 JSON 数据信息

(5)把 JSON 数据信息复制到 Json.cn 网站进行在线解析,查看数据是否正常,确认正常,即完成任务,如图 7-9 所示。

图 7-9　把 JSON 数据信息复制到 Json.cn 网站进行在线解析

任务 3　小程序浏览数据表记录

【任务描述】

创建小程序项目,访问 goodslist.php 文件,获取并显示数据,如图 7-10 所示。

(1)创建小程序项目。

(2)打开 index.js 文件,在 onLoad 函数中运用 API 函数 wx.request 访问 goodslist.php 文件网址。

（3）处理 wx.request 运行结果，在 index.wxml 文件中编写代码显示获取数据表中的其中两列数据，设计页面样式，采用适当的样式显示结果。

图 7-10 访问 goodslist.php 获取并显示数据

【操作步骤】

（1）打开"微信开发者工具"界面，新建项目，打开 index.wxml 文件，定义变量数组 list，如图 7-11 所示。

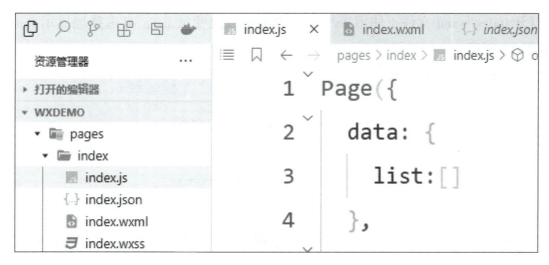

图 7-11 定义变量数组 list

（2）打开 index.js 文件，编写 onLoad 函数代码，调用 API 函数 wx.request，访问服务器的 goodslist.php 文件，将返回的数据赋值给数组变量 list，如图 7-12 所示。

> 经验分享
>
> 通过 console.log(res.data) 可以在 Console 窗口输出 res.data 的值，能帮助程序员跟踪观察返回的结果。

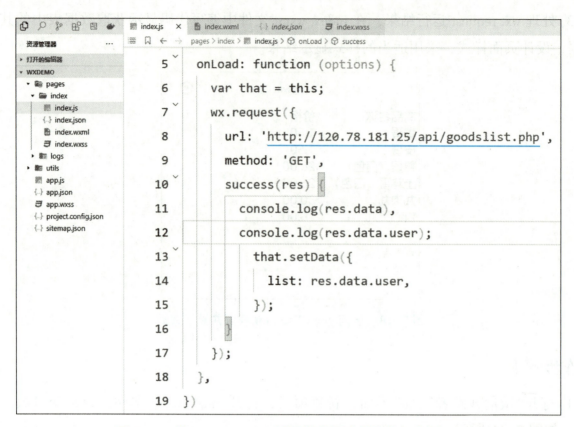

图 7-12 将 goodslist.php 返回的数据赋值给数组变量 list

（3）打开 index.wxml 文件，使用 wx:for 列表渲染数组变量 list，有选择地显示 item 的元素值，如图 7-13 所示。

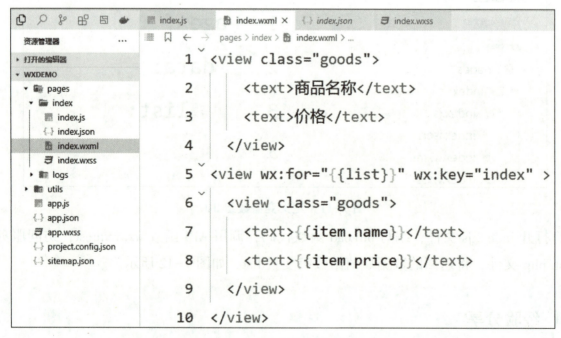

图 7-13 使用 wx:for 列表渲染数组变量 list

（4）打开 index.wxss 文件，设置 .goods text 样式属性，如图 7-14 所示。

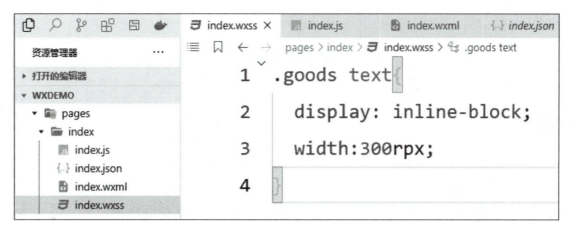

图 7-14　设置 .goods text 样式属性

【单元总结】

通过本单元主要讲述了服务器搭建与数据库创建、.php 文件返回 JSON 格式数据、小程序浏览数据表记录等 3 个任务，讲述了服务器搭建、数据库创建、数据表准备、.php 文件返回 JSON 格式数据、编辑微信小程序 .js 文件实现数据请求处理等技能。

【拓展练习】

拓展任务 1

【任务描述】

创建小程序项目，访问 goodslist.php 文件，获取并显示数据，如图 7-15 所示。

（1）创建小程序项目。

（2）打开 index.js 文件，在 onLoad 函数中，运用 API 函数 wx.request 访问 goodslist.php 文件网址。

（3）处理 wx.request 运行结果，在 index.wxml 文件中编写代码实现显示获取数据表中的 3 列数据，并在数据前添加序号，设计页面样式，采用适当的样式显示结果。

拓展任务 2

【任务描述】

在小程序项目中，按不同顺序获取并显示数据，如图 7-16 所示。

（1）创建小程序项目。

（2）打开服务器网站，添加 goodssort.php 文件，按价格降序获取数据。

（3）打开 index.js 文件，在 onLoad 函数中，运用 API 函数 wx.request 访问 goodslist.php 文件网址。再创建另一个函数，运用 wx.request 访问 goodssort.php 文件网址。

（4）在 index.wxml 文件中编写代码实现显示获取数据表中的 3 列数据，并在数据前添加序号，设计页面样式，采用适当的样式显示结果。

（5）点击"按价格降序显示"按钮时，显示的数据以价格降序排序。

（6）点击"按原顺序显示"按钮时，数据顺序恢复原样。

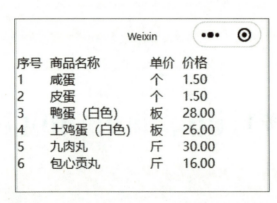

图 7-15 访问 goodslist.php 获取并显示数据

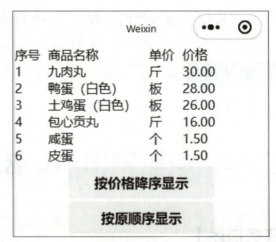

图 7-16 按不同顺序获取并显示数据